U0189419

1. 马铃薯覆膜
2. 马铃薯 + 玉米（生长早期）
3. 马铃薯 + 玉米（生长中期）
4. 马铃薯收获
5. 青花菜
6. 大拱棚青花菜掀膜通风

1. 杀虫灯
2. 黄色粘虫板
3. 西瓜栽培前开沟
4. 西瓜栽培前覆膜
5. 西瓜定植
6. 西瓜绑蔓种植

1. 茄子
2. 西葫芦
3. 萝卜扣膜保温
4. 萝卜收获
5. 辣椒吊蔓
6. 甜瓜栽培管理

1. 甜瓜栽培放风　　4. 黄瓜吊蔓

2. 黄瓜　　　　　　5. 厚皮甜瓜

3. 黄瓜绑蔓　　　　6. 青蒜苗

蔬菜高效栽培模式与配套技术

SHUCAI GAOXIAO ZAIPEI MOSHI YU PEITAO JISHU

王淑芬 高俊杰 主编

中国科学技术出版社

·北 京·

图书在版编目（CIP）数据

蔬菜高效栽培模式与配套技术 / 王淑芬，高俊杰主编 . —北京：
中国科学技术出版社，2019.9（2023.11 重印）
ISBN 978-7-5046-8306-9

Ⅰ . ①蔬… Ⅱ . ①王… ②高… Ⅲ . ①蔬菜园艺 Ⅳ . ① S63

中国版本图书馆 CIP 数据核字（2019）第 113469 号

策划编辑	王双双
责任编辑	王绍昱
装帧设计	中文天地
责任校对	焦　宁
责任印制	马宇晨

出　　版	中国科学技术出版社
发　　行	中国科学技术出版社有限公司发行部
地　　址	北京市海淀区中关村南大街16号
邮　　编	100081
发行电话	010-62173865
传　　真	010-62173081
网　　址	http://www.cspbooks.com.cn

开　　本	889mm×1194mm　1/32
字　　数	114千字
印　　张	5
彩　　页	4
版　　次	2019年9月第1版
印　　次	2023年11月第9次印刷
印　　刷	北京长宁印刷有限公司
书　　号	ISBN 978-7-5046-8306-9 / S·751
定　　价	26.00元

（凡购买本社图书，如有缺页、倒页、脱页者，本社发行部负责调换）

编辑委员会

主　编
王淑芬　高俊杰

副主编
刘中良　谷端银　焦　娟

编　委
（按姓氏笔画排序）

王文军　艾希珍　闫伟强　孙振军

李　涛　杨晓东　张元国　张永涛

张自坤　张艳艳　周爱凤　夏秀波

郭守鹏

P_{reface} 前 言

近年来，随着我国农业新旧动能转换的大力实施，我国蔬菜种植发展迅速，栽培面积不断扩大，栽培模式不断多样化。在蔬菜种植迅速发展的同时，各地菜农对蔬菜高产高效栽培技术的需求也越来越强烈，他们迫切需要适合当地气候条件与土壤条件的蔬菜高效栽培模式及配套技术。

为促进乡村振兴，为乡村产业振兴提供技术支撑，山东省现代农业产业技术体系蔬菜创新团队组织专家撰写了《蔬菜高效栽培模式与配套技术》一书。该书针对当前我国各地蔬菜种植情况，从露地蔬菜高效栽培模式、大拱棚蔬菜高效栽培模式、日光温室蔬菜高效栽培模式三个章节入手，总结提炼了 20 多种有代表性的蔬菜高效种植模式及其配套管理技术，同时又对每种蔬菜栽培模式的种植茬口安排和栽培管理技术做了详细介绍。对指导各地菜农因地制宜选用蔬菜高效栽培模式、发展蔬菜生产具有很强的技术参考作用。

本书由山东省现代农业产业技术体系蔬菜创新团队牵头，联合了具有丰富理论知识和实践经验的科研、教学、技术推广领域的 10 多名专家共同编写。在编写过程中，总结了各地菜农的生产经验，吸收了蔬菜创新团队专家近几年的研究成果，注重理论与实践结合，实用性、可操作性较强，适用于广大农技推广人员和蔬菜种植户使用。

由于编著者水平所限，疏漏和谬误之处在所难免，敬请提出宝贵意见。

王淑芬

$\mathcal{C}ontents$ 目　录

第一章
露地蔬菜高效栽培模式

模式一 大蒜—辣椒—玉米高效栽培模式

（一）种植茬口安排

1. 大 蒜

10月5—10日播种；翌年5月下旬收获。

2. 辣 椒

翌年2月下旬至3月上旬小拱棚育苗，4月中下旬定植，8月底至9月初收获鲜椒出售，9月底收获干椒。

3. 玉 米

翌年6月中旬播种，9月底收获。

（二）栽培管理技术

1. 大 蒜

（1）**品种选择** 选择适宜当地种植的品种，如金乡蒜、苍山蒜。

（2）**播期及播量** 山东省大蒜适宜播期为10月5—10日，晚熟品种、小蒜瓣、肥力差的地块可适当早播；早熟品种、大蒜瓣、肥沃的土壤可适当晚播。另外，还应注意播种与施肥的间隔时间，以防烧苗，间隔期应不少于5天。

大蒜种植的最佳密度为 22 000～26 000 株 / 亩（1 亩 ≈ 667 平方米），重茬病严重地块、早熟品种、小蒜瓣、沙壤土可适当密植，晚熟品种、大蒜瓣、重壤土可适当稀植。每亩用种量约为 150 千克。

（3）播种方式 为便于下茬辣椒的套种应预留套种行，播种行宽 18 厘米、套种行宽 25 厘米，每种 3 行大蒜留 1 个套种行。开沟播种，用特制的开沟器或耙开沟，深 3～4 厘米。株距根据播种密度和行距来定。种子摆放要上齐下不齐，腹背连线与行向平行，蒜瓣一定要尖部向上，不可倒置，覆土厚 1～1.5 厘米。

栽培畦整平后，每亩用 37% 噁草酮·乙草胺乳油兑水喷洒，喷后覆盖厚 0.004～0.008 毫米的透明地膜，也可选用降解膜。降解膜具有降温散湿、改善根际环境、防治重茬病害及增产的作用。

（4）田间管理

①出苗期 出苗率达到 50% 时，开始破膜放苗，以后天天放苗，放完为止。破膜放苗宜早不宜迟，若放苗迟则苗大，不仅放苗速度慢，而且容易把苗弄伤，同时也易使地膜破损，降低地膜保温保湿的效果。

②幼苗期 清除地膜上的遮盖物，如树叶、完全枯死的大蒜叶、尘土等杂物，增加地膜透光率，对破损地膜进行修补，使地膜发挥出最大效用。用特制的铁钩在地膜下将杂草根钩断，杂草不必带出，以免增大地膜破损程度。

③花芽、鳞芽分化期 在翌年春天天气转暖，越冬蒜苗开始返青时（3 月 20 日左右），浇一次返青水，结合浇水每亩追施氮肥 5～8 千克、钾肥 5～6 千克。

④蒜薹伸长期 4 月 20 日左右浇好"催薹水"。蒜薹采收前 3～4 天停止浇水。结合浇水每亩追施氮肥 3～4 千克，钾肥 4 千克左右。4 月 20 日前后的"催薹水"，既能满足大蒜的水分需求，又利于 4 月下旬辣椒的定植，可提高成活率、促苗早发；也可以先定植辣椒再浇水，这既是"催薹水"，也是"缓苗水"，

做到"一水两用"。玉米播种后，根据辣椒、玉米的生长需要及降雨情况进行的浇水，也是"一水两用"。

⑤蒜头膨大期　蒜薹采收后，每5～6天浇1次水，蒜头采收前5～7天停止浇水。蒜头膨大初期，结合浇水每亩追施氮肥3～5千克、钾肥3～5千克。4月上旬的大蒜"催薹肥"及4月20日前后的大蒜"催头肥"，也为辣椒、玉米的苗期生长提供了足够的营养元素，为辣椒、玉米高产稳产打下坚实基础，达到"一肥三用"的效果。

（5）**收获**　蒜薹顶部开始弯曲，薹苞开始变白时为采收期，应于晴天下午采收。植株叶片开始枯黄，顶部有2～3片绿叶，假茎松软时应采收蒜头。大蒜收获时，尽量减少地膜破损，以免造成水分蒸发、地温降低，影响辣椒的正常生长，也为播种玉米创造良好的土壤墒情。

（6）**病虫害防治**　大蒜主要病害有叶枯病、灰霉病、病毒病、紫斑病等；主要虫害有3种，即地蛆、葱蓟马和葱蝇。

①叶枯病　发病初期喷洒80%代森锰锌可湿性粉剂700～800倍液，或50%异菌脲可湿性粉剂800倍液，或50%多菌灵磺酸盐可湿性粉剂700倍液，或70%甲基硫菌灵可湿性粉剂500倍液，7～10天喷1次，连喷2～3次。均匀喷雾，交替轮换使用。

②灰霉病　发病初期喷洒50%腐霉利可湿性粉剂1 000～1 500倍液，或50%多菌灵可湿性粉剂400～500倍液，或65%甲硫·乙霉威可湿性粉剂1 000～1 500倍液，7～10天喷1次，连喷2～3次。均匀喷雾，交替轮换使用。

③病毒病　发病初期喷洒20%盐酸吗啉胍·乙酸铜可湿性粉剂500倍液，或1.5%烷醇·硫酸铜乳剂1 000倍液，7～10天喷1次，连喷2～3次。均匀喷雾，交替轮换使用。

④紫斑病　发病初期喷洒70%代森锰锌可湿性粉剂500倍液或30%氧氯化铜悬浮剂600～800倍液，7～10天喷1次，连喷2～3次。

⑤疫病　发病初期喷洒40%三乙膦酸铝可湿性粉剂250倍液，或72%霜脲•锰锌可湿性粉剂800～1000倍液，或72.2%霜霉威水剂600～1000倍液，或64%噁霜灵可湿性粉剂500倍液，7～10天喷1次，连喷2～3次。均匀喷雾，交替轮换使用。

⑥锈病　发病初期喷洒30%氟菌唑可湿性粉剂3000倍液或20%三唑酮可湿性粉剂2000倍液，7～10天喷1次，连喷2～3次。

⑦地蛆　成虫发生期可喷施2.5%溴氰菊酯乳油3000倍液防治。产卵高峰期可在肥堆上喷洒90%敌百虫晶体500倍液。幼虫危害期可用75%灭蝇胺可湿性粉剂3000倍液，或40%辛硫磷乳油3000倍液，或5%氟铃脲乳油3000倍液等灌根防治。

⑧葱蝇　成虫产卵时，采用30%辛硫磷乳油1000倍液或2.5%溴氰菊酯乳油3000倍液喷雾或灌根防治。

⑨葱蓟马　采用20%啶虫脒可湿性粉剂1000倍液，或2.5%三氟氯氰菊酯乳油3000～4000倍液，或0.3%苦参碱水剂1500倍液喷雾。

2. 辣　椒

（1）品种选择　选择耐热性强、抗病性突出、产量高、品质好的中晚熟品种；同时考虑品种的加工特性，要求具有果实颜色鲜红、加工晒干后不褪色，较浓的辛辣味，果肉含水量小、干物质含量高等特点。目前生产上普遍选用的普通椒品种有英潮红4号、金塔系列、德红1号、世纪红、金椒、干椒3号、干椒6号等，朝天椒品种有日本三樱椒、天宇系列、红太阳系列等辣椒品种。

（2）育苗　辣椒的苗龄为50～60天，华北地区最佳育苗期为2月下旬至3月上旬。可在麦田就近采用阳畦育苗。育苗地点选择在地势开阔、背风向阳、干燥、无积水和浸水、靠近水源的地方，苗床土要求肥沃、疏松、富含有机质、保水保肥力强的沙壤土。准备育苗土：土壤和腐熟有机肥比例为6:4，每立方米育苗土加入草木灰15千克、过磷酸钙1千克，经过堆沤腐熟后均匀撒在苗床上，厚度为 1～2 厘米，整细整平。播种前，将种子用 55℃的温水浸泡 15 分钟，并不断搅动，水温下降后继续浸泡 8 小时，捞出漂浮的种子。将浸种后的种子用湿布包好，放在 25～30℃条件下催芽 3～5 天。当 80% 的种子"露白"时即可播种。播种时浇 1 次透水，播种要求至少 3 遍，以保证落种均匀。覆土要用细土，厚度为 5～10 毫米。为便于掌握，可在床面上均匀地放几根筷子，覆土，至筷子似露非露时即可。覆土后盖地膜，接着覆盖棚膜，膜上加盖草苫。

播种后 10 天左右，出苗率达 50% 时，揭掉棚膜。育苗期，每天太阳出来后揭苫，日落前盖苫。选择无风、温暖的晴天，利用中午时间拔除杂草。定植前 10 天左右逐步降温炼苗，温度保持在白天 15～20℃、夜间 5～10℃，在保证幼苗不受冻害的情况下尽量降低夜温。苗床干时需浇小水。幼苗叶色浅黄时，可酌情施用磷酸二氢钾等叶面肥。育苗后期需放风降温和揭膜炼苗。定植前 2 天浇透苗床，以利移苗。育苗期间注意防治猝倒病、立枯病，可用 72.2% 霜霉威水剂 400～600 倍液或 72% 霜脲·锰锌可湿性粉剂 500～800 倍液防治，也可在苗床喷洒烯酰吗啉。

（3）**定植**　应于 10 厘米地温稳定在 15℃左右时及早进行定植，一般在 4 月中下旬。在预留的套种行内定植（隔 3 行大蒜种 1 行辣椒），朝天椒每穴 2 株，穴距 25 厘米，7 500 株 / 亩左右；普通加工型辣椒每穴 1 株，穴距 25 厘米，4 000 株 / 亩左右。

定植时选用辣椒壮苗。辣椒壮苗的标准是苗高 20～25 厘米，茎秆粗壮、节间短，具有 6～8 片真叶、叶片厚、叶色浓绿，幼苗根系发达、白色须根多，大部分幼苗顶端呈现花蕾，无病虫害。辣椒茎部不定根发生能力弱，不宜深栽，栽植深度以不埋没子叶为宜。栽苗时大小苗要分级，剔除病弱苗、老化苗。定植后要立即浇定植水，随栽随浇。

（4）**田间管理**

①定植后管理　定植后浇缓苗水。浇水后，要中耕松土，增

加地温，保持土壤水分，促进根系生长。缓苗后，适当控制水分，促使根系深扎，达到根深叶茂。蹲苗的时间长短，要视当地气候条件而定。

②定植后到结果期前的管理　此时管理的重点是发根。生产上，除增施有机肥、经常保持适宜的土壤含水量外，灌水及降水后，应中耕以破除土壤板结。

③结果初期管理　当大部分植株已坐果时开始浇水。此时植株的茎叶和花果同时生长，要保持土壤湿润状态，不追肥。选用朝天椒类型的品种应在盛花期过后，追施高氮、高钾、低磷水溶性复合肥 20～30 千克，随水冲施。

④盛果期管理　为防止植株早衰，要采收下层果实，并要勤浇小水，保持土壤湿润，每 10～15 天追施 1 次水溶性复合肥 10～20 千克，以利于植株继续生长和开花坐果。

⑤结果后期管理　9 月以后，进入辣椒果实成熟期，可适当喷施叶面肥。喷施叶面肥的时间应选在上午田间露水已干或下午 4～5 时之后，以延长溶液在叶面的持续时间。喷洒叶面肥时从下向上喷，喷在叶背面，以利于其吸收，提高施肥效果。

⑥徒长椒管理　盛花后用矮丰灵、矮壮素等药喷洒，深中耕，控徒长。

⑦植株调整　门椒现蕾时应去除，同时把门椒以下的侧枝打掉，不结果的无效枝也要去掉。当朝天椒植株长有 12～14 片叶时，摘除朝天椒的顶芽，也可在椒苗主茎叶片达到 12～13 片时，摘去顶心，促使辣椒早结果、多结果，保证结果一致、成熟一致。

⑧培土成垄　在雨季到来、植株封垄以前，应对辣椒植株进行培土。培土时要防止伤根。培土后浇水，促进发秧，争取在高温到来之前使植株封垄。

⑨高温雨季管理　管理重点是要保持土壤湿润，浇水要勤浇、少浇。浇水宜在早晨或傍晚进行。在雨季来临之前，要疏通排水沟，使雨水排出。进入雨季，浇水要注意天气状况，不可在

雨前 2～3 天浇水，防止浇水后遇大雨。暴晴天骤然降雨，或久雨后暴晴，都容易引起植株萎蔫。因此，雨后要排水，增加土壤通透性，防止根系衰弱。

（5）**收获**　辣椒果实作为鲜椒出售的，在 8 月底至 9 月初，成熟果达到 1/4 以上时开始采摘，以后视红果数量陆续采摘。采收时要采取整个果实全部变红的辣椒，去除有病斑、虫蛀、霉烂的辣椒和畸形果后出售。

出售干椒的，可在霜降前 7～10 天连根拔下辣椒植株，并在田间摆放。摆放时将辣椒根部朝一个方向，每隔 7～10 天上下翻动 1 次。在田间晾晒 15～20 天后，拉回码垛。椒垛要选在地势高燥、通风向阳的地方。垛底用木杆或作物秸秆垫好，码南北向单排垛，垛高 1.5 米左右，垛间留 0.5 米以上间隙，每隔 10 天左右翻动 1 次。雨天用塑料膜或防雨布遮盖，雨停后撤去遮盖物，保证通风。晾晒翻动时不要挤压、践踏，不能用钢叉类利器翻动，以免损伤辣椒果实，造成霉烂。当辣椒逐渐干燥、椒柄可折断、摇动时有种子响动声、对折辣椒有裂纹、果实含水量在 17% 左右时，即可进行采摘，分级销售。在采摘、包装、运输、销售过程中应注意减少破碎、污染，以保证辣椒品质。

（6）**病虫害防治**　辣椒主要的病害有苗期猝倒病，生长期病毒病、炭疽病、灰霉病等；虫害有棉铃虫、蚜虫等。

①猝倒病　苗期喷施 0.2% 磷酸二氢钾溶液或 0.1% 氯化钙溶液，提高幼苗抗病力；发病初期喷 75% 百菌清可湿性粉剂 400 倍液，或 70% 甲基硫菌灵可湿性粉剂 800～1 000 倍液，或 64% 噁霜·锰锌可湿性粉剂 400～500 倍液，每隔 7～10 天喷 1 次，视病情防治 2～3 次。

②病毒病　种子消毒和苗床消毒：采用 0.1% 高锰酸钾溶液浸种 30 分钟或 10% 磷酸三钠溶液浸种 20 分钟，用清水冲洗干净，然后再催芽或直接播种。苗床消毒可用福尔马林（40% 甲醛）加水配成 100 倍液喷洒床土，1 千克福尔马林可处理 5 000 千克床

土，喷后用薄膜密闭 7 天。在蚜虫发生初期，用 20% 吡虫啉可湿性粉剂 6 000～8 000 倍液或 10% 高效氯氰菊酯乳油 6 000 倍液喷雾。发病前或发病初期，用 20% 盐酸吗啉胍·乙酸铜可湿性粉剂 700～1 000 倍液喷施预防，每隔 7～10 天喷 1 次，连喷 2～3 次。

③炭疽病　发病初期摘除病叶、病果，而后喷药。可喷 75% 百菌清可湿性粉剂 600 倍液，或 57.6% 氢氧化铜干粒剂 1 000～1 200 倍液，或 50% 多菌灵可湿性粉剂 500 倍液，或 80% 福·福锌可湿性粉剂 800 倍液，或 70% 代森锰锌可湿性粉剂 500 倍液，或 70% 甲基硫菌灵可湿性粉剂 800 倍液，每隔 7～10 天喷 1 次，连喷 2～3 次。

④灰霉病　可喷洒 25% 咪鲜胺乳油 2 000 倍液，或 50% 腐霉利可湿性粉剂 1 500 倍液，或 60% 酰胺·异菌可湿性粉剂 500 倍液，或 60% 多菌灵超微粉剂 600 倍液，或 50% 甲基硫菌灵可湿性粉剂 1 000 倍液，每隔 7～10 天喷 1 次，视病情连续防治 2～3 次。

⑤枯萎病　苗期或定植前喷施 50% 多菌灵可湿性粉剂或 70% 甲基硫菌灵可湿性粉剂 600～700 倍液；发病初期用 50% 琥胶肥酸铜可湿性粉剂 600 倍液，或 50% 多菌灵可湿性粉剂 500 倍液，或 70% 甲基硫菌灵可湿性粉剂 600 倍液，或 14% 络氨铜水剂 300 倍液灌根，每隔 5 天灌 1 次，连灌 2～3 次。田间喷洒 50% 多菌灵可湿性粉剂 500 倍液或 40% 多菌灵·硫磺悬乳剂 600 倍液等药剂。

⑥青枯病　每亩施熟石灰粉 100 千克，使土壤呈中性或微酸性，能有效抑制该病的发生。在发病初期可选用 77% 氢氧化铜可湿性粉剂 500 倍液，或 50% 代森锌可湿性粉剂 1 000 倍液，或 50% 琥胶肥酸铜可湿性粉剂 500 倍液灌根，每 10 天灌 1 次，连灌 3～4 次。

⑦棉铃虫　在辣椒果实开始膨大时开始用药，每周 1 次，连续防治 3～4 次。可用 2.5% 高效氯氰菊酯乳油 5 000 倍液，或 5% 氟啶脲乳油 1 500 倍液，或 1% 甲氨基阿维菌素苯甲酸盐微乳剂

1 500 倍液。

⑧蚜虫 每亩可用 1.8% 阿维菌素乳油、5% 氯氰菊酯乳油、2.5% 溴氰菊酯乳油、25% 噻虫嗪乳油 25 毫升，或 0.5% 印楝素可湿性粉剂 35～50 克，或 10% 吡虫啉可湿性粉剂、50% 抗蚜威可湿性粉剂 35 克，或 25% 吡嗪酮可湿性粉剂 16 克，加水 50 升喷雾。可按药剂稀释用水量的 0.1% 加入洗衣粉或其他展着剂，以增加药效。

⑨甜菜夜蛾 于幼虫三龄前喷洒 90% 敌百虫晶体 1 000 倍液，或 5% 氟啶脲乳油 3 500 倍液，或 20% 除虫脲胶悬剂 1 000 倍液，或 2.5% 高效氟氯氰菊酯乳油 2 000 倍液，或 50% 辛硫磷乳油 1 500 倍液。

3. 玉 米

（1）品种选择 选择边行效应明显、喜肥水、抗病性强的高产品种，如登海 605、登海 618、郑单 958 等。为提高综合经济效益，玉米品种也可选用鲜食的优良糯玉米品种。

（2）播种日期 6 月中旬播种。

（3）播种方式 播种于畦埂两侧，株距 15 厘米，双行玉米间距 30 厘米，辣椒行与玉米行间距 50 厘米，密度为 1 800 棵／亩左右。

（4）田间管理

①拔除弱株，中耕除草 个别地块密度过大，有小株、弱株，既占据一定空间，影响通风透光、消耗肥水，又不能增加产量，因此，应及早拔除小株、弱株，确保田间密度适宜，以提高群体质量。

②穗期中耕 1～2 次 小喇叭口期（5～6 片展开叶）应深中耕，以促进根系发育，扩大根系吸收范围。小喇叭口期以后，中耕宜浅，以保根蓄墒，可结合辣椒除草进行。

③重施穗肥 玉米穗期是果穗分化期，也是追肥最重要的时期。穗期追肥应以速效氮肥为主。追肥时间为大喇叭口期

（12～13 片展开叶），每亩追施尿素 20 千克左右。中低产田穗肥占氮肥总追施量的 40% 左右。追肥应距玉米植株一侧 8～10 厘米，条施或穴施，深施 10 厘米左右。覆土盖严，减少养分损失。

④排涝或灌溉　玉米穗期阶段要确保大喇叭口前后和抽雄前后土壤墒情充足。抽雄前后，地面应见湿不见干，若墒情不足，应进行灌溉。易涝地块还应在穗期结合培土挖好地内排水沟，积水时应排涝。

⑤追施粒肥，科学浇水　粒肥是防治后期玉米早衰的重要措施，对玉米前期施肥量少或表现有脱肥迹象的田块，应在吐丝期追施速效氮肥，每亩用尿素 5～8 千克。玉米抽雄开花期需水量最大，对干旱的反应最敏感，是玉米需水"临界期"，此期如果缺水将会导致玉米花期不遇，不能正常授粉结实，极易造成秃尖、缺粒甚至空秆现象；灌浆至成熟期也是玉米需水的重要时期，这个时期干旱对产量的影响仅次于抽雄期，此期缺水会直接导致玉米千粒重下降。生产上有"开花不灌、减产一半""前旱不算旱、后旱减一半"等说法。在玉米生长后期要根据天气、墒情灵活掌握，做到遇旱浇水。

（5）收获　玉米成熟的标志是玉米苞叶干枯松散、籽粒变硬发亮、乳线消失、黑层出现，即进入完熟期，此时收获千粒重最高。实践证明，玉米每早收一天，千粒重就会减少 3～4 克。因此在不影响适时种麦的前提下，应尽量推迟玉米收获期，确保玉米在完熟期收获。糯玉米可根据成熟度适时收获。

（6）病虫害防治　夏玉米主要虫害有玉米螟、黏虫等；主要病害有大小斑病、锈病等。

①玉米螟　可用 3% 辛硫磷颗粒剂 250 克 / 亩或苏云金杆菌（Bt）乳剂 100～150 毫升加细沙 5 千克施于心叶内防治。

②二代黏虫和蓟马　可用 50% 辛硫磷 1 000 倍液或 80% 敌敌畏乳油 2 000 倍液喷雾防治。

③大小斑病　可用 50% 甲基硫菌灵可湿性粉剂 600 倍液喷

雾防治，每隔10天喷1次，连续防治2～3次。

④锈病 可用20％三唑酮乳油1 000倍液或12.5％烯唑醇可湿性粉剂1 500倍液喷雾防治。

模式二 洋葱—辣椒—玉米高效栽培模式

（一）种植茬口安排

1. 洋 葱
9月上旬播种育苗，11月上旬定植；翌年6月上旬收获。

2. 辣 椒
翌年2月下旬至3月上旬小拱棚育苗，4月中下旬定植，8月底至9月初收获鲜椒出售，9月底收获干椒。

3. 玉 米
翌年6月中旬播种，9月底收获。

（二）栽培管理技术

1. 洋 葱

（1）**品种选择** 应根据当地的消费习惯和市场情况而定。黄皮洋葱品种除选用生产中常用的"泉州中高黄"等品种外，推荐选择山东省农业科学院蔬菜花卉研究所最新选育的天正福星、天正105洋葱新品种和青岛农业大学选育的莱农5号、莱农6号洋葱新品种；紫皮洋葱品种推荐选择天正201、上海紫皮、北京紫皮、紫骄1号、紫星等品种。

（2）**育苗** 播种前1周将苗床整理好，定植1亩的大田需种子250克左右，需苗床播种面积45平方米。按所需苗床面积45平方米计算，应施入腐熟的堆肥150千克、硝酸铵2千克、磷酸二铵6千克、硫酸钾2.5千克。先撒施堆肥、辛拌磷，均匀撒上化肥，翻耕，使其与土壤充分混合，整细整平畦面，做成1.3米宽的平畦。

播种期掌握在 9 月 3—17 日的时段内，苗龄 55 天左右。播种过早，幼苗长得过大，容易先期抽薹；过晚，幼苗长得太小，越冬易受冻害，产量较低。莱农 5 号洋葱，耐抽薹性较强，抽薹率明显低于其他黄皮洋葱品种。

播种时，先将苗床浇透底水，待水渗下后，将种子均匀撒于畦面，覆盖 1 厘米厚的细土。为防治杂草，播种后出苗前喷施 72% 异丙草胺乳油 70～100 毫升 / 亩。为了保墒，有利于洋葱苗全苗旺，最好覆盖遮阳网，若发现土壤墒情差，可在傍晚向畦面喷水以湿润土壤，7～8 天幼苗出土，于傍晚撤去覆盖物。

幼苗出土后，注意浇水，若幼苗生长势弱、叶子发黄，每 45 平方米苗床追施尿素 0.75 千克；若幼苗生长势旺，适当控制肥水，培育壮苗。苗期易遭地蛆危害，用 50% 辛硫磷乳油 800 倍液灌根防治；若发现蓟马、潜叶蝇危害，可用 10% 吡虫啉可湿性粉剂 10～20 克 / 亩或其 2 500 倍液喷雾防治。

（3）定植　若洋葱的高产栽培密度大，则套种辣椒不方便，因此必须对洋葱的群体结构进行调整，把原本等行距种植的种植结构调整为带状套种。在 70 厘米的套种带内栽植 4 行洋葱，洋葱行距 15 厘米，预留 25 厘米作为辣椒的套种行，使洋葱与辣椒套种的行数比为 4：1。

洋葱产量高，需肥量大，因此施足基肥是丰产的基础。根据洋葱的需肥量和肥料的利用率，中等肥力的地块，每亩施腐熟的优质牛马粪、圈肥等 5 000 千克，或者施腐熟的鸡粪 1 500 千克、三元复合肥 50 千克、硫酸钾 20 千克、10% 辛拌磷粉粒剂 2 千克防治地下害虫。结合整地，施入土壤，使肥料与土壤充分混合。做成 1.2～1.3 米宽的平畦，或者做成垄距 1～1.1 米、垄高 8 厘米左右、垄面宽 75 厘米左右的小高垄。畦或垄做好后，喷异丙草胺或二甲戊灵防治杂草，然后覆盖地膜。

定植前，将幼苗按大小分级，茎粗 0.6～0.9 厘米的为一级苗，0.4～0.59 厘米的为二级苗，1 厘米以上的大苗和 0.4 厘米以下的小苗不宜利用。定植适期为 11 月上旬。定植时，一、二级苗分别定植。洋葱株距 15 厘米，3 万株 / 亩左右，这样既能保证葱头长得大，又能高产。打孔定植，定植深度为 1.5 厘米左右，以浇水后不倒苗、不浮苗为宜，过深不利于鳞茎膨大。

（4）**田间管理**　定植后浇水，此后天气渐冷，幼苗以扎根、缓苗生长为主，此期不宜浇水。根据土壤墒情，可于 11 月下旬浇一次越冬水，确保幼苗安全越冬。

翌年返青后，于 3 月中下旬浇一次返青水，每亩追施尿素 10～15 千克或碳酸氢铵 50 千克，随水冲施，促进幼苗和根系的生长。4 月中旬至 5 月下旬，茎叶生长旺盛，鳞茎膨大较快，对肥水的需求量较大，应加强肥水管理。在此期应根据植株长势追施 2～3 次化肥，以氮肥为主，配合磷、钾肥，分别于 4 月中旬每亩追施磷酸二铵 20 千克、硫酸钾 15 千克，5 月中下旬每亩追施硝酸铵 10～15 千克、硫酸钾 10 千克。进入 5 月后，气温渐高，植株生长旺盛，蒸发量大，应保持地面湿润，满足洋葱生长对水分的需求，收获前 7 天左右停止浇水。

（5）**收获**　华北地区洋葱采收在 6 月上旬。当洋葱叶片由下而上逐渐开始变黄，假茎变软并开始倒伏，鳞茎停止膨大，外皮革质，进入休眠阶段，即标志鳞茎已经成熟，应收获。

（6）**病虫害防治**

①霜霉病　用 58% 甲霜灵可湿性粉剂 500 倍液或 72% 霜脲·锰锌可湿性粉剂 700 倍液喷施防治。

②紫斑病　用 25% 腈菌唑乳油 4 000～5 000 倍液喷施防治。

③蓟马、潜叶蝇　用 10% 吡虫啉可湿性粉剂 2 500 倍液喷施防治。

④地蛆　用 50% 辛硫磷乳油 800 倍液灌根。

2. 辣　椒

辣椒的栽培管理参见"大蒜—辣椒—玉米高效栽培模式"中

的相关内容。

3. 玉　米

玉米的栽培管理参见"大蒜—辣椒—玉米高效栽培模式"中的相关内容。

模式三　早春马铃薯—夏玉米—秋白菜高效栽培模式

（一）种植茬口安排

1. 早春马铃薯

3月上旬地膜覆盖播种，6月上旬收获。

2. 夏　玉　米

4月中旬播种，9月底收获。

3. 秋　白　菜

8月中下旬播种，10月底至11月上旬收获。

（二）栽培管理技术

1. 早春马铃薯

（1）**品种选择**　选用休眠期短、高产、抗病、商品性好的早中熟品种，如鲁引1号、荷兰十五、806、中薯5号、腾育1号、早大白等。

（2）**播期及播量**　露地栽培适宜的播种期在3月上旬（10厘米地温达7℃即可）。选无大风、无寒流的晴天，实行双行起垄播种，垄宽80～90厘米，株距20～25厘米，播种密度以5 500～6 500株/亩为宜。实行单垄种植的，播种密度以4 000～5 500株为宜。早春马铃薯—夏玉米—秋白菜高效栽培模式采用双垄播种。为了节约种薯，将种薯切成多块播种。切块应呈立体三角形，重25克左右，切块上至少带1～2个芽眼。薯块重 40 克以上的切 2 块，重 70～100 克的切 3 块。切块的整个过程中都要注意切刀的消毒，防止切刀传染病害，常用的消毒剂有 0.1% 高锰酸钾、75% 酒精和福尔马林等，当切刀切到病薯时应立即将切刀重新消毒。切成块后将薯块置于阴凉通风处摊晒，以利刀口愈合。每亩用种量因种薯、切块大小及种植密度而异，一般需 100～150 千克。

（3）**播种方式** 播种前撒施优质的商品有机肥 200～400 千克/亩，深翻，耙平。按照行距 90 厘米开施肥沟，深 10 厘米，宽 15 厘米。开沟后每亩施三元复合肥（$N:P_2O_5:K_2O=15:15:15$）100 千克、硫酸钾 30 千克、尿素 10 千克，施肥后在两行间用开沟机覆盖肥料，开出平沟，深 10 厘米，宽 15 厘米。开沟后浇透水，第二天种马铃薯，采用薯块芽向上种植，一沟双行，株距 25 厘米。播种后将 3% 辛硫磷颗粒剂 2 千克/亩和细土掺匀顺沟撒施，预防地下害虫。覆土起垄，垄高 20 厘米，垄宽 80 厘米，垄面搂平后喷施 72% 异丙草胺乳油 500～600 倍液，覆黑白两色地膜。

（4）**田间管理** 围绕肥水进行重点管理，做到前促后控。播种后浇透水，以后每隔 7～10 天浇 1 次，保证马铃薯对水分的需求。浇水不可大水漫灌，浇至垄高 1/3～1/2 为好，收获前 7 天停止浇水。播种后 30 天左右，幼苗陆续出土时需破膜放苗。

追肥随浇水进行，宜早不宜迟。出苗后追施尿素 15～20 千克/亩；始花期施三元复合肥（$N:P_2O_5:K_2O=15:15:15$）30～50 千克/亩；开花和结薯期，根据长势，叶面喷施 0.1%～0.3% 尿素和 0.5% 磷酸二氢钾的水溶液，每隔 7 天喷 1 次，连喷 2～3 次，促进植株生长和块茎膨大；发棵到结薯的转折期，如果秧势太盛而控制不住，可以叶面喷施矮壮素或 B9 等植物生长延缓剂。

（5）**收获** 在正常状况下，大部分马铃薯茎叶由黄绿色转为黄色即可采收，5 月底至 6 月上中旬机械收获。如需贮存，需晾晒 1～2 天，待薯块表面干燥后收集，并在低湿阴凉处存放。

（6）**病虫害防治**　早春马铃薯主要病害有晚疫病、疮痂病、病毒病等；虫害包含地上害虫和地下害虫，地上害虫有马铃薯瓢虫、蚜虫等，地下害虫有蛴螬、地老虎和金针虫等。

①农业防治　选用抗病的脱毒薯种，把好切块消毒关；上茬作物收获后，将病叶、病株清理出田间销毁，减少田间病原菌基数；实行严格轮作制度；测土平衡施肥，增施充分腐熟的有机肥，少施化肥，防止土壤富营养化。

②物理防治　挂杀虫灯杀虫或覆盖银灰色地膜驱避蚜虫。

③生物防治　可采用喷施春雷霉素等生物药剂的方法防治马铃薯疮痂病；用苏云金杆菌喷雾防治马铃薯瓢虫；可利用蚜霉菌或利用七星瓢虫、食蚜蝇等捕食性天敌来防治蚜虫。

④化学防治　可用25%甲霜灵可湿性粉剂800倍液防治晚疫病。疮痂病可喷施65%代森锰锌可湿性粉剂800～1000倍液或25%嘧菌酯悬浮剂1500倍液，每7天喷1次，连续2～3次。可结合防治蚜虫防治病毒病，发生时也可喷施32%核苷·溴·吗啉胍水剂1000～1500倍液或20%吗胍乙酸铜可湿性粉剂500倍液。

马铃薯瓢虫可用2.5%溴氰菊酯乳油或20%氰戊菊酯乳油3000倍液防治。蚜虫可用25%噻虫嗪水分散粒剂2000～3000倍液，或10%吡虫啉可湿性粉剂1000～1500倍液，或0.5%苦参碱水剂400～600倍液喷雾防治。地下害虫（地老虎、蛴螬、金针虫）可采用3%辛硫磷颗粒剂2～3千克/亩防治，也可用90%敌百虫晶体800倍液或40%辛硫磷乳油800倍液或2.5%溴氰菊醋乳油2000倍液喷施防治1～3龄地老虎。

2. 夏 玉 米

（1）**品种选择**　选用生育期112天以上，株型紧凑、叶片上冲、生长健壮、抗逆性强、抗倒性好的品种。如郑单958、青农11、登海605、聊玉22号、鲁单818、华良78、华盛801等。

（2）**播期及播量**　适宜的播种期为4月上旬。套种模式下，每亩用种量为0.7～1千克。

（3）**播种方式** 播前在马铃薯垄间开播种沟，深 6～8 厘米，隔一行开一沟点播，株距 15 厘米左右，每亩约 2 500 棵。

（4）**田间管理** 播后视土壤墒情浇"蒙头水"。待苗出后补苗、间苗、定苗。补苗的最佳时间是在 3 叶期以前，于晴天下午或阴雨天进行，可采取带土移苗补栽的办法，以减少与相邻株间苗势的差异，栽后浇水，以缩短缓苗时间。当玉米苗长到 3～4 片叶时进行间苗，5～6 叶时进行最后定苗。定苗后蹲苗，视幼苗长势来决定的，蹲苗时要注意蹲晚不蹲早、蹲黑不蹲黄、蹲肥不蹲瘦、蹲湿不蹲干。

夏玉米灌溉宜遵循"前轻后重"的原则。苗期需水量较少，不是特别干旱不需浇水。穗期防止"卡脖旱"，需浇水 2 次，一次在拔节前后 7 天左右，浇水量宜少；另一次在大喇叭口期，要浇足浇透。花粒期在开花后 10 天左右浇水。雨季注意排水防涝。

套种模式下，玉米追肥可以采用一次性追施缓控肥或分次追施速效肥。一次性追肥即随种施玉米缓释长效肥 40～60 千克/亩，生长期内不再施肥。分次追肥主要包含种肥、提苗肥、穗肥和粒肥 4 个施肥时期，采用"前重后轻"的原则追施。种肥需每亩施尿素 10 千克、硫酸钾 5 千克、硫酸锌 2 千克，种、肥分开，避免烧种烧苗；提苗肥在定苗期至拔节期追施，每亩施尿素 10～15 千克、磷酸二铵 10 千克、硫酸钾 10 千克或三元复合肥（$N:P_2O_5:K_2O=15:15:15$）30～40 千克；在小喇叭口期至大喇叭口期之间，追施穗肥，此时是玉米施肥的关键时期，要结合降雨或者浇水追施，每亩施尿素 10 千克、硫酸钾 15～18 千克；粒肥在抽雄至开花期追施，每亩用量为尿素 6～8 千克，施后浇水，也可在灌浆期叶面喷施磷酸二氢钾、尿素等混合液，促进光合产物积累，增加粒重。要注意科学施肥，提高肥料利用率，杜绝撒施。

此外，适时中耕除草。开花授粉期如遇连续阴雨或极端高温天气，必要时可采取人工辅助授粉，提高结实率，增加穗粒数。

（5）**收获** 夏玉米9月底进行人工收获。采收标准：苞叶干枯松散、籽粒变硬发亮、乳线完全消失、基部出现黑色层。

（6）**病虫害防治** 夏玉米主要病害有粗缩病、叶斑病（包括褐斑病、大小斑病等）、青枯病、茎腐病、锈病和瘤黑粉病等，主要虫害有玉米穗虫（三代玉米螟、棉铃虫、桃蛀螟等）、蚜虫、黏虫和灰飞虱等。

①农业防治　摘除下部老叶、病叶，涝后排水。在玉米授粉后，玉米穗虫2～3龄期，有虫集中在雌穗顶部花丝处，剪去花丝，并将花丝和幼虫带出田外深埋。

②生物防治　释放赤眼蜂防治玉米螟和棉铃虫，喷白僵菌或苏云金杆菌防治玉米螟，用灭幼脲防治黏虫幼虫等。

③化学防治　可用70%吡虫啉悬浮剂按种子量的0.6倍拌种以预防粗缩病。用70%甲基硫菌灵可湿性粉剂800倍液或20%三唑酮乳油3 000倍液喷雾防治褐斑病。用70%甲基硫菌灵可湿性粉剂600倍液或80%代森锰锌可湿性粉剂1 000倍液防治大小斑病。用65%代森锰锌可湿性粉剂500倍液或98%噁霉灵可湿性粉剂2 000倍液防治青枯病。用25%三唑酮可湿性粉剂2 000倍液或50%福美双可湿性粉剂500～800倍液防治玉米瘤黑粉病和锈病。每隔7～10天1次，连续防治2～3次。

用5%高效氯氰菊酯乳油1 500倍液或1.8%阿维菌素乳油1 000倍液喷雾防治棉铃虫、黏虫、玉米螟等。用10%吡虫啉可湿性粉剂1 000倍液，或10%高效氯氰菊酯乳油2 000倍液，或25%噻虫嗪水分散粒剂6 000倍液等喷雾防治蚜虫和灰飞虱。

3. 秋白菜

（1）**品种选择** 选用耐热、抗病、早熟、结球后不易开裂的大白菜品种，如北京新3号、秋黄5号、德高101、津青75、秋绿60等。

（2）**播期及播量** 秋白菜8月下旬播种，每亩用种量为100～150克。

（3）**播种方式**　播前清理马铃薯茎叶、地膜等。撒施三元复合肥（N∶P$_2$O$_5$∶K$_2$O＝15∶15∶15）30千克/亩，整地。留部分地做育苗床，将种子均匀撒施苗床育苗，播种后覆盖0.5厘米厚过筛细土。待幼苗5～6片叶时移栽，按照株行距40厘米×60厘米定植，密度为2 700棵/亩。

（4）**田间管理**　定植时浇透水，缓苗后到莲座期视天气和土壤墒情浇水。莲座后期要控制灌水进行蹲苗，蹲苗期的长短根据天气、土壤、苗情和品种而定。蹲苗后浇1次透水后，每5～6天浇1次水，使土壤保持湿润。采收前7～10天停止浇水，以免球体水分过大，引起腐烂。

追肥要根据土壤肥力、生长时期和苗情在幼苗期、莲座期、结球初期、结球中期分期施用。幼苗期不追肥，齐苗后3～4叶期，视苗情每亩追施尿素5～10千克，并立即浇水，称"提苗肥"。第二次追肥在定苗或育苗移栽后，每亩追施尿素10～15千克，随后浇1次大水，称"发棵肥"。第三次追肥在莲座期，每亩追施尿素10～15千克、过磷酸钙10～15千克并浇水，称"大追肥"。第四次追肥在结球期，每亩追施尿素25～30千克，也可分2次进行，即结球初期每亩追施尿素10～15千克、硫酸钾7～8千克，称"灌心肥"；结球中期每亩追施尿素8～12千克，可随水冲施，称"包球肥"，也可喷洒叶面肥，用0.1%～0.2%磷酸二氢钾，每7～10天喷1次，共喷3次，喷洒时间以下午5时以后为好。此外，中耕除草宜浅不宜深。

（5）**收获**　秋白菜在10月底至11月上旬收获。对包球不实的植株要在收获前5～10天（10月下旬）进行捆菜；包心紧实达到商品成熟时要收获，最迟要在立冬后小雪前收获完毕，以免过晚而遭受冻害。

（6）**病虫害防治**　秋大白菜重点防治霜霉病、细菌性软腐病、根肿病和病毒病等病害，主要虫害有蚜虫、白粉虱、菜青虫和甜菜夜蛾等。

①农业防治　加强中耕除草，清理上茬马铃薯残留植株及套种玉米的枯叶、病叶等。

②物理防治　可采用银灰色地膜避蚜；利用蚜虫和白粉虱的趋黄性，在田间设置黄色粘虫板诱杀；挂置频振式杀虫灯或黑光灯诱杀菜青虫、甜菜夜蛾。

③生物防治　可每亩用生物药剂3%除虫菊素微囊悬浮剂45毫升喷雾防治蚜虫，也可利用生物药剂苏云金杆菌250～500倍液喷雾防治菜青虫、甜菜夜蛾低龄幼虫。

④化学防治　可用68.5%氟菌·霜霉威悬浮剂1 000～1 500倍液，或50%烯酰吗啉可湿性粉剂2 000～2 500倍液，或69%霜脲·锰锌可湿性粉剂600～750倍液喷雾防治霜霉病。用75%五氯硝基苯可湿性粉剂700～1 000倍液或75%百菌清可湿性粉剂1 000倍液灌根防治根肿病。用90%新植霉素可湿性粉剂4 000倍液防治软腐病，每10～15天喷1次，连喷2～3次。用20%盐酸吗啉胍·乙酸铜可湿性粉剂500倍液或1.5%烷醇·硫酸铜乳油1 000～1 500倍液喷雾防治病毒病。

用50%吡蚜酮水分散粒剂2 000倍液或3%啶虫脒乳油3 000倍液喷雾防治蚜虫和白粉虱。用4.5%高效氯氰菊酯乳油1 500～2 000倍液或5%氟啶脲乳油2 000～3 000倍液喷雾防治甜菜夜蛾和菜青虫。

模式四　早春青花菜—夏毛豆—秋青花菜高效栽培模式

（一）种植茬口安排

1. 早春青花菜

1月上旬育苗，3月上旬定植，5月上中旬采收。

2. 夏毛豆

5月底播种，播后75～90天采收，采收时间约持续20天，于8月中下旬收获完毕。

3. 秋青花菜

7月中旬育苗，8月底定植在毛豆行间，10月开始采收，采收时间持续1个月。

（二）栽培管理技术

1. 早春青花菜

（1）品种选择 选用冬性强、抗病、耐贮存、花球紧实、花粒细密、花粒及茎秆颜色深绿的品种，如幸运、绿岭、里绿、雪峰、炎秀、绿秀、狼眼等。

（2）育苗 采取平畦育苗，畦宽120～150厘米，也可采取营养钵或穴盘育苗。育苗土壤要求土质肥沃、疏松。播种前在50℃温水中浸种20～25分钟，经细纱布沥干水分后播种或催芽后再播种。每亩用种量为25～30克。

①平畦育苗 采用种子点播，每亩需苗床面积25平方米，密度为8厘米×8厘米。播种前小水浇灌苗床，使苗床土壤浸透水分，当苗床无积水时开始点种，播后盖0.8～1厘米厚的细土。

②穴盘育苗 早春青花菜育苗适宜的基质配方（体积比）为草炭：珍珠岩：细木屑＝2:1:0.5。为保证苗期营养，按每立方米基质加入15千克充分腐熟的优质有机肥、适量的杀菌剂，充分混拌，堆闷3～4天。选用72孔硬质穴盘育苗，将拌好的基质装入穴盘。将沥出多余水分的种子用湿布包好，放入恒温箱或自制催芽器中催芽，保持温度在20～25℃，待80%的种子露白后，将种子置于5～6℃的环境下低温处理3～4小时后播种。播后盖0.8～1厘米厚的细土，然后用地膜覆盖苗盘，提温保湿。

播后至苗期需注意防寒保温，育苗床温度保持在23～25℃，最低温度不低于10℃。待大部分种子子叶出土时，揭去地膜，防止下胚轴徒长。出苗后温度应比出苗前低 3~5℃，白天 20~23℃，夜间 10~15℃。晴天注意通风降温，夜间注意保温。出苗后不宜多浇水，1~2 片真叶时间除过密苗，2~3 片叶时间除细弱苗，苗期视墒情进行浇水。棚内保持空气相对湿度在 60%~70%，白天温度为 20~25℃、夜间为 15~18℃。齐苗至定植前 10 天，白天温度为 16~20℃、夜间为 8~12℃。保持苗土湿润，干燥时宜浇小水或喷水。定植前 1 周，苗床应加强通风，降低苗床温度，低温炼苗。幼苗 3 叶 1 心后，要加大温室通风量，延长通风时间，进一步降低苗床温度，白天 12~15℃，夜间 5~8℃，促使幼苗健壮、叶片肥厚、叶色浓绿、节间短、茎粗壮，以适应定植后的露地环境。适宜苗龄为 38~40 天，4~5 片真叶。

（3）定　植

定植前深翻土壤 25~30 厘米，随整地每亩撒施腐熟农家肥 3 000~5 000 千克、复合肥 25~30 千克，旋平耙细后起垄做畦，垄宽 60 厘米，畦宽 180 厘米。

幼苗 4~6 叶时移苗定植，畦内定植 4 垄，株距 40~45 厘米。注意定植土不要超过子叶痕，更不能埋过生长点。移栽后浇透水，利于保苗，若要补苗应在移栽后 2 天内补齐，盖小拱棚。

（4）田间管理

①肥水管理　青花菜喜肥水。定植后要浇 3~5 次水，隔 10~15 天浇 1 次。分期追肥，早期以高氮肥为主，花球形成期应适当增施磷钾肥，即在莲座期追施 1 次高氮肥，每亩用量为 5 千克；花球期（拳头大小）时追施 1 次，每亩用高氮高钾肥 10 千克。收获前 10 天停止浇水。

②植株管理　莲座期还要做好中耕除草、培土等田间管理，促进根系发达。

（5）收获　采摘前 5~7 天束叶遮阴，将花球外围老叶主脉向内折断，搭小遮荫棚。应在清晨和傍晚采收，于花球分枝下 4

厘米处水平切断,除去附带叶片。出口菜花采收标准:花球直径12～14厘米,花球连柄长不低于16厘米,重100～200克;国内市场标准:花球直径12～18厘米,花球连柄长不低于10厘米,重400～600克。色泽浓绿、花球紧实,花蕾比较均匀细腻,无满天星、无破损、柄无空心等。

(6)病虫害防治 青花菜病害主要有苗期猝倒病和立枯病,生长期有霜霉病、黑腐病、软腐病等;虫害主要有蚜虫、小菜蛾和菜青虫。

①霜霉病 可用75%百菌清可湿性粉剂600～800倍液,或50%烯酰吗啉可湿性粉剂2000倍液,或72%霜脲·锰锌可湿性粉剂800倍液,或64%噁霜·锰锌可湿性粉剂500倍液喷雾防治,每隔7～10天喷1次,连续防治2～3次。

②黑腐病 可用14%络氨铜水剂400倍液,或77%氢氧化铜可湿性粉剂500倍液,或50%代森锌可湿性粉剂600倍液,或50%代森铵水剂1000倍液,或25%噻枯唑可湿性粉剂800倍液喷雾防治。

③软腐病 可用14%络氨铜水剂350倍液,或72%新植霉素可湿性粉剂4000倍液,或30%氧氯化铜悬浮剂300～400倍液喷雾防治。

④蚜虫 可用80%吡虫啉水分散粒剂1000倍液或3%啶虫脒乳油1000倍液喷雾防治。

⑤小菜蛾和菜青虫 可用40%氰戊菊酯6000～7000倍液或苏云金杆菌可湿性粉剂(每克100亿个活孢子)500～1000倍液等药剂进行防治。

2. 夏 毛 豆

(1)品种选择 选用抗病、耐热、生长速度快、株型粗壮紧凑、结荚集中、荚型宽大、颜色深绿的品种,如鲁豆10号、夏丰2008、台湾75-3等。

(2)播种 青花菜收获即将结束时,于青花菜两侧播种。每亩用种量为 4～5 千克，浅沟（4～5 厘米）点播，每穴 2～3 粒种子，行距 60 厘米，穴距 25～30 厘米。播种后将垄面或畦面耙平、压实，7～10 天出齐苗。

（3）田间管理

①肥水管理　毛豆幼苗期不需浇水，经过 15 天左右，根据土壤墒情灌溉。出苗后第一片真叶未完全展开时，施尿素 10 千克/亩；第二次追肥在 4 叶期，施三元复合肥 15～20 千克/亩；第三次追肥在初花期，施尿素、硫酸钾各 5 千克/亩于两穴间，施肥后培土。此外，可用磷酸二氢钾、钼酸铵等叶面肥进行根外追肥，每 10～15 天喷 1 次，连喷 2～3 次，可提高光合作用效率，减少落花落荚，加速豆粒膨大，增加产量。

②中耕培土　毛豆生长期要中耕除草 2～3 次，苗高 30 厘米左右松土时要结合进行培土，促使根系生长。第一次中耕在幼苗出土至真叶展开时进行，目的是深松垄沟，为后期蓄水创造条件，有利于增温、通气、促发根系。第二次中耕在长出 3 片复叶时进行。

（4）收获　采收标准：豆荚饱满、颜色鲜绿、无病腐、无虫害、无机械损伤、不夹杂杂物和泥土。

（5）病虫害防治　毛豆的主要病害有疫病、白粉病、锈病和炭疽病等，虫害有小地老虎、烟粉虱、豆蚜、叶螨和夜蛾。

①疫病　可喷施 50% 春雷·王铜可湿性粉剂 500～600 倍液，或 77% 氢氧化铜可湿性粉剂 500～600 倍液，或 75% 百菌清可湿性粉剂 500～600 倍液，或 30% 琥胶肥酸铜 400 倍液，或 20% 噻菌铜悬浮剂 500 倍液等喷雾防治，每隔 7 天喷 1 次，连喷 3～4 次。

②斑点病　可喷施 78% 波尔·锰锌可湿性粉剂 600 倍液，或 77% 氢氧化铜可湿性粉剂 500～600 倍液，或 50% 甲基硫菌灵可湿性粉剂 1 000 倍液等。

③白粉病　可喷施 10% 苯醚甲环唑水分散粒剂 2 000 倍液或 80% 代森锰锌可湿性粉剂 800 倍液。

④锈病　可喷施 15% 三唑酮可湿性粉剂 1 000～1 500 倍液，或 50% 萎锈灵乳油 800 倍液，或 50% 硫磺悬浮剂 300 倍液，或 25% 丙环唑乳油 3 000 倍液，或 40% 氟硅唑乳油 8 000 倍液。

⑤炭疽病　可选用 70% 甲基硫菌灵可湿性粉剂 600～800 倍液或 30% 苯醚甲环唑·丙环唑乳油 3 000 倍液进行防治。

⑥小地老虎　可喷施 50% 辛硫磷乳油 800 倍液防治。

⑦烟粉虱　可采用 25% 扑虱净可湿性粉剂，或 5% 吡虫啉乳油，或 25% 噻虫嗪水分散粒剂 2 500～3 000 倍液等喷雾防治。

⑧豆蚜　可喷洒 2.5% 高效氟氯氰菊酯乳油 2 000 倍液，或 50% 抗蚜威可湿性粉剂 2 000 倍液，或 10% 吡虫啉可湿性粉剂 2 500 倍液。

⑨斜纹夜蛾和甜菜夜蛾　可选用 10% 虫螨腈悬浮剂 1 000～1 500 倍液，或 5% 氯虫苯甲酰胺悬浮剂 1 000～1 300 倍液，或 2.2% 甲氨基阿维菌素苯甲酸盐微乳剂 2 000～3 000 倍液，或 240 克/升甲氧虫酰肼悬浮剂 1 500～3 000 倍液等喷雾防治。

3. 秋青花菜

（1）品种选择　选择生长势强、花菜球形圆整、颜色深绿、耐热、抗病性强的品种，如优秀、翠光、绿彗星、阿波罗、青绿等。

（2）育苗　青花菜适宜穴盘育苗，采用 72 孔穴盘育苗，每穴播种 1～2 粒，播后整齐摆放在苗床上。夏季育苗应注意防雨、遮阳、通风、降温、防止高脚苗，培育适龄壮苗，苗龄 25～30 天。

（3）定植　幼苗长至 4～5 片真叶时定植于毛豆行间，株距 40 厘米，定植前 1 天用 50% 多菌灵可湿性粉剂 800 倍液喷苗 1 次，定植时浇足水。

（4）田间管理

①肥水管理　青花菜喜肥水，分期适时追肥、浇水是丰产的关键。青花菜需水量大，在莲座期和花球形成期要浇水，保持

土壤湿润。定植后 7～10 天，每亩施尿素 10～15 千克，或尿素 10 千克、磷酸二铵 15 千克，并浇水 1 次，促进植株生长，培育壮棵。进入花球形成期，每亩施硫酸钾 20 千克，促进花球迅速生长。花球膨大期叶面喷施 0.05%～0.1% 硼砂溶液，能提高花球质量，减少黄蕾、焦蕾的发生。顶花球采收后可适当追施 1 次薄肥，以提高侧花球产量和延长采收期，但在生长后期氮肥不可施用过多，以免花球腐烂。

②中耕除草　在多雨时要排水防涝，防止积水。定植后至植株封行前进行松土、除草。缓苗至现蕾 30 天内中耕松土 2～3 次，并适当培土护根，松土可与追肥结合。定植后 2～3 天进行第一次中耕，以疏松土壤，改善通透性能，防止水分蒸发，促进青花菜根系生长发育、及早缓苗，以后要根据生产实际情况进行，封垄前结束中耕。

此外，除去侧枝，减少养分消耗，促进顶花球膨大，以保证达到商品要求标准。

（5）**收获**　青花菜花球膨大至直径 11～13 厘米时，选择花蕾较整齐、颜色一致、不散球的花球，于早晨或傍晚用不锈钢刀具采割。根据出口青花菜要求，修整后茎长保留 16 厘米，用塑料筐装筐，预冷结束后装运销售。

（6）**病虫害防治**　秋青花菜主要病害有霜霉病、黑腐病、菌核病和空茎病等，虫害有烟粉虱、菜青虫、蚜虫、棉铃虫和菜螟等。

①霜霉病　可用 50% 烯酰吗啉可湿性粉剂 2 000 倍液，或 70% 代森锰锌可湿性粉剂 600～800 倍液，或 58% 甲霜灵可湿性粉剂 400～600 倍液，或 58% 甲霜灵·锰锌可湿性粉剂 600 倍液，或 64% 噁霜·锰锌可湿性粉剂 500 倍液，或 40% 乙磷铝可湿性粉剂 300 倍液，每 7～10 天喷 1 次，连喷 2～3 次。

②黑腐病　可用 45% 代森铵水剂 300 倍液浸种 15～20 分钟，冲洗后晾干播种，或用占种子重量 0.4% 的 50% 琥胶肥酸铜可湿

性粉剂拌种，或喷洒 25% 噻枯唑可湿性粉剂 800 倍液防治。

③菌核病　可用 50% 异菌脲可湿性粉剂 1 200 倍液，或 25% 多菌灵可湿性粉剂 250 倍液，或 50% 乙烯菌核利可湿性粉剂 1 000 倍液，或 50% 腐霉利可湿性粉剂 1 500 倍液，或 70% 甲基硫菌灵可湿性粉剂 1 500～2 000 倍液，或 40% 菌核净可湿性粉剂 1 000～1 500 倍液喷雾防治。

④空茎病　可根外追施硼肥，每亩施 0.75 千克。

⑤烟粉虱　可用 70% 吡虫啉水分散粒剂 1 500 倍液，或 25% 噻嗪酮可湿性粉剂 1 500 倍液，或 2.5% 联苯菊酯乳油 3 000 倍液，或 25% 噻虫嗪水分散粒剂 5 000 倍液，或 5% 虱螨脲乳油 1 000～1 500 倍液，或 20% 甲氰菊酯乳油 2 000 倍液喷雾防治。

⑥菜青虫　可用 90% 敌百虫晶体 1 000 倍液，或 50% 杀螟硫磷乳油或乙酸甲胺磷水剂 1 000 倍液，或苏云金杆菌乳油 500～800 倍液，或 2.5% 溴氰菊酯乳油 3 000 倍液，或 2.5% 高效氯氰菊酯乳油 5 000 倍液，或 25% 除虫脲悬浮剂 1 000 倍液防治。

⑦蚜虫　可用 10% 高效吡虫啉可湿性粉剂 1 000 倍液，或 50% 抗蚜威可湿性粉剂 1 000 倍液，或 10% 醚菊酯乳剂 1 000 倍液，或 10% 联苯菊酯乳油 3 000 倍液防治。

⑧棉铃虫　可用 2.5% 高效氯氰菊酯乳油 5 000 倍液，或 4.5% 高效氯氰菊酯乳油 3 000～3 500 倍液，或 5% 氟虫脲乳油 2 000 倍液，或 20% 除虫脲胶悬剂 500 倍液，或 50% 杀螟硫磷乳油 1 000 倍液，或 5% 氟虫腈悬乳剂 2 000 倍液喷雾防治。

⑨菜螟　可用 40% 氰戊菊酯乳油 5 000～6 000 倍液喷雾防治。

第二章
大拱棚蔬菜高效栽培模式

模式一　大拱棚早春西瓜—秋延迟辣 / 甜椒
高效栽培模式

（一）种植茬口安排

1. 早春西瓜

12 月播种育苗；翌年 2 月上中旬定植，5 月上旬收获。

2. 秋延迟辣 / 甜椒

翌年 6 月（5 月）上中旬育苗，7 月（6 月）中下旬定植，9 月底至 10 月初辣 / 甜椒上市，12 月拉秧。

（二）栽培管理技术

1. 早春西瓜

（1）**品种选择**　选择早熟、高产、耐寒、品质好、商品形状优良的品种，如京欣、甜王等，砧木选用白籽南瓜。

（2）**育苗**　采用嫁接育苗，砧木播种要比接穗早 5～7 天。砧木种子播于营养钵内，接穗种子播于营养钵内或苗床上。待砧木 1 叶 1 心、西瓜真叶初露时适时嫁接。嫁接方法采用顶插法，嫁接后进行遮阴，避免阳光直射，白天温度 25～28 ℃、夜间18～22 ℃，空气湿度控制在 70% 以上，4～5 天后适当通风降湿，7 天后逐步揭去覆盖物，适度透光，10 天后转入正常管理，白天温度 20～25℃、夜间 15～17℃，防止高脚苗出现。定植前要适当降温炼苗 1 周。

（3）定植　根据西瓜品种确定定植密度，小瓜型品种定植密度大，大瓜型品种定植密度小。大瓜型品种定植时按株距 35～40 厘米打定植穴，将西瓜苗去钵放入定植穴内，周围用客土填实，浇足定植水后，扣 2 米和 3 米 2 层小拱棚保温。

（4）田间管理

①整枝摘心　在西瓜团棵甩蔓后，要理蔓整枝，视不同品种采用双蔓、三蔓整枝。小型瓜采用双蔓整枝；中型、大型瓜采用三蔓整枝，主蔓留瓜，两个侧蔓引向主蔓对侧，其余侧枝全部去掉。根据西瓜长势进行摘心、打顶。

②授粉管理　西瓜为雌雄异花同株作物，主要靠昆虫传粉。棚内无风且少有蜜蜂等昆虫，应适时进行人工授粉以提高坐瓜率。授粉时选用肥大的雄花，在上午 8～11 时进行。阴天低温时，雄花散粉晚，可适当延后授粉时间。一朵雄花授 1～2 朵雌花。为提高坐果率，防止空秧，在主蔓上第二、第三雌花授粉，择优留瓜，确保优质高产。

③温度管理　在大拱棚早春西瓜栽培过程中，根据西瓜的不同生长期，大拱棚内温度管理遵循"三高三低"原则。"一高"：在移栽定植后，正处在 2 月中上旬，因外界温度较低，需提前覆盖小拱棚膜及地膜，提高棚内温度及地表温度，以利于提高西瓜定植苗成活率，促进缓苗，此期持续 15～20 天。"一低"：3 月上中旬，随外界气温上升，棚内温度上升较快，为避免西瓜幼苗徒长，需陆续撤掉 2 米、3 米小拱棚棚膜，并适当对大拱棚进行顶部通风，以利于西瓜伸蔓发根，稳健生长，此期持续 15～20 天。"二高"：在团棵后，约 3 月中下旬，开始进行授粉，白天需提高棚内温度（33～35℃），促进西瓜花芽分化，以利于西瓜开花坐果，此期持续 7 天左右。"二低"：授粉完成后，可通过

通风适当降低棚内温度3～5℃，以促进光合作用进行，促进光合产物积累，促进叶片增厚，提高西瓜植株抗病性，为后期高产打下坚实基础，此期持续15天左右。"三高"：西瓜第一次浇水后，为促进西瓜膨大，白天需提高棚内温度至35℃左右，以利于生产瓜形好的优质西瓜，此期持续15天左右。"三低"：在西瓜成熟期，第二次浇水后，需适当通风降温，可在大拱棚上利用天窗或"扒肩"放风，白天保持棚温在30℃左右，最高不超过35℃，之后随外界气温升高，不断加大通风量，此期持续10～15天。

④肥水管理　大拱棚早春西瓜前期因温度偏低，应尽量减少浇水。定植时浇足底水，缓苗期不浇水。西瓜团棵后，浇水1次，同时可随水冲施生物菌肥以促进西瓜根系生长；西瓜长至碗口大时进行第二次浇水并冲施水溶性肥料，此水后至收获期不再浇水。施腐熟有机土杂肥5 000千克/亩（或腐熟鸡粪1 000千克或腐熟稻壳粪5～6立方米）、硫酸钾复合肥（N：P_2O_5：K_2O=15：5：25）40～50千克作为基肥，以促进植株生长，为开花坐果和幼果发育奠定基础。待幼瓜坐住，长至碗口大时，西瓜植株进入吸肥高峰期，为保证养分的供应，结合第二次浇水，冲施水溶性肥料，选择高钾水溶肥（N：P_2O_5：K_2O=16：8：34）5～8千克/亩随水冲施。浇水前后结合化学防治，可喷施叶面肥料，补充中微量元素，提高西瓜品质。

（5）**收获**　西瓜成熟后，果实坚硬光滑并有一定光泽，皮色鲜明，花纹清晰。也可根据品种特性确定西瓜成熟后，适时全部采收。采收时，用刀割或用剪子剪断果柄，且果柄留在瓜上。采收时间以早晨或傍晚为宜。

（6）**病虫害防治**　西瓜主要的病害有炭疽病、蔓枯病等，虫害有蚜虫等。

①农业防治　育苗期间尽量少浇水，加强增温保温措施，保持苗床较低的湿度和适合的温度，可预防苗期发病。重茬种植时

采用嫁接栽培或选用抗枯萎病品种，可有效防止枯萎病的发生。在酸性土壤中施入石灰，将 pH 值调节到 6.5 以上，可有效抑制枯萎病的发生。拔除并销毁田间发现的重病株，防止蚜虫和农事操作时传毒，可有效预防病毒病的发生。叶面喷施 0.2% 磷酸二氢钾溶液，可以增强植株对病毒病的抗病性。

②物理防治　选用银灰色地膜覆盖，可起到避蚜的效果。也可采取糖酒液诱杀，方法为糖、醋、酒、水和 90% 敌百虫晶体按 3:3:1:10:0.6 比例配成药液，放置在苗床附近诱杀种蝇成虫，并可根据诱杀量及雌、雄虫的比例预测成虫发生期。

③生物防治　可将七星瓢虫等天敌迁入瓜田捕食蚜虫，进而降低瓜蚜的虫口密度。

④化学防治　定植前病虫害防治：为防治根结线虫的危害，采用穴施或撒施颗粒药剂的方法，选用噻唑膦颗粒剂，每亩用量为 500～1 000 克。苗期病虫害防治：缓苗期主要防治细菌性病害，以预防为主，每 7～10 天化学防治 1 次；病害防治药剂选用甲基硫菌灵、百菌清等广谱、低毒药剂；虫害以蚜虫为主，虫害防治药剂选用吡虫啉、溴氰菊酯等。授粉前病虫害防治：主要防治病害有炭疽病、蔓枯病等，选用 10% 苯醚甲环唑水分散粒剂 1 500 倍液防治炭疽病效果好，防治蔓枯病可选用 75% 甲基硫菌灵可湿性粉剂 800～1 000 倍液，或 70% 代森锰锌可湿性粉剂 500～600 倍液，或 25% 吡唑醚菌酯可湿性粉剂 1 000 倍液等，每 7～10 天防治 1 次。授粉后病虫害防治：随着温度的不断升高，病虫害发生逐渐加重，对病害的防治仍以炭疽病为主，以喷施杀菌性药剂为主。留瓜后病虫害防治：因瓜极为幼嫩，易被虫咬，因此要重点防治虫害，主要包括菜青虫、吊丝虫、蚜虫等，可喷施苏云金杆菌悬浮剂 500～800 倍液，也可选用 1.8% 阿维菌素乳油 2 000 倍液喷雾防治。

2. 秋延迟辣/甜椒

（1）品种选择　选择抗病毒病强的辣/甜椒品种，辣椒品种可以选择喜洋洋、美瑞特等；甜椒品种可以选择红方、爱迪等。

（2）**育苗**　在前茬西瓜收获后，即开展辣椒育苗工作。根据品种特性及气候条件，从播种到定植需40～50天，秋延迟甜椒播种育苗时间在5月15日左右，定植时间在6月25—30日；辣椒播种育苗时间在6月5日左右，定植时间在7月15—20日。辣/甜椒苗可以采用直播苗，也可采用嫁接苗。嫁接砧木应选择抗性强、长势旺、与接穗亲和性好的品种，采用劈接法，嫁接后30天即可定植。苗期温度管理中，日温控制在23～28℃，夜温控制在15～18℃，定植前7天控水促根，定植前1天浇水。

（3）**定植**　前茬西瓜收获后，撒施腐熟有机肥或商品有机肥后（也可在闷棚后施用），整地、翻耕，可使用威百亩25～40千克/亩或者噻唑膦1千克/亩，浇足水，用透明薄膜将土壤完全封闭，同时将大拱棚完全封闭，进行闷棚，时间约30天。闷棚后，根据地块保水性能，确定开沟或平畦种植。保水性能好的地块，建议开沟定植；保水性能不好的地块，建议平畦定植，以利于水分与根系较多接触。

定植前，为防治辣/甜椒苗期病害并促进生根，对定植苗进行药剂蘸根处理，防治立枯病。根据不同品种确定定植密度为900～1 100株/亩。

（4）**田间管理**

①遮阴　因定植辣/甜椒时，正逢高温高湿的夏季，为避免辣椒苗徒长，需采取遮阴措施。可采取的措施有使用遮阳网、喷降温剂或泥浆或墨汁等。立秋前后撤掉遮阴物。

②吊蔓、整枝打杈　当株高为50～60厘米、约2个结果枝时，开始进行吊蔓。坐果后6～8个结果枝时，及早抹去第一分杈下的所有侧枝，以促进上部枝叶生长和开花结果。剪除无果枝等，四门斗以上的生长弱的侧枝要尽早摘除以通风、透光。

③温度管理　辣椒发芽适宜温度为20～25℃；营养生殖阶

段适宜日温为 20～25℃、夜温为 15～18℃，能忍受的最低温度为 15℃、最高温度为 32℃；开花坐果期适宜日温为 26～28℃、夜温为 18～20℃。8 月下旬至 9 月下旬进入花期，此期是能否坐住果和提高坐果率的关键时期，对产量影响较大，应加大通风量。通风效果越好，落花落果越少，坐果率也越高。大拱棚两侧通风口，在白露过后关闭；大拱棚顶部通风口，在寒露过后关闭。当外界气温降至 15℃以下时，夜间应把棚膜盖严，仅白天通风。当外界气温降至 5℃以下时，棚内加盖拱棚，防止受冻。

④肥水管理　坐果后，当辣/甜椒长度为 2～3 厘米时，浇水 1 次，并随水冲施水溶性肥料 5～6 千克。其后，保持土壤见干见湿，每次采摘后浇水 1 次，随水冲施水溶性肥料 5～6 千克。

（5）收获　辣/甜椒门椒要采收，防止坠秧。以后的果实待长到果型最大、果肉开始加厚时采收，若植株生长势弱，要及早采收。

（6）病虫害防治　辣/甜椒病害有疫病、病毒病、炭疽病等，虫害有蚜虫、菜青虫、甜菜夜蛾等。

①农业防治　选用抗病、抗逆品种；定植时采用高垄或高畦栽培，并通过放风、地面覆盖等措施，控制各生育期的温湿度，减少或避免病害发生；增施充分腐熟的有机肥，减少化肥用量。

②物理防治　在大拱棚门口和放风口设置 40 目以上的银灰色防虫网，悬挂黄色粘虫板诱杀蚜虫等。

③生物防治　用 0.5% 印楝素乳油 600～800 倍液喷雾防治蚜虫、粉虱等。

④化学防治　苗期主要以预防为主，每 7～10 天喷施 1 次。可喷施 72% 霜脲·锰锌可湿性粉剂 500～600 倍液，或 64% 噁霜·锰锌可湿性粉剂 500～600 倍液，或 25% 甲霜灵可湿性粉剂 500 倍液，每隔 7～10 天喷施 1 次，连续喷施 2～3 次，交替

使用，防治疫病。可喷施20%盐酸吗啉胍·乙酸铜可湿性粉剂400～500倍液或1.5%烷醇·硫酸铜乳油1000倍液，每隔7～10天喷1次，共喷3次，防治病毒病。发病初期可用70%甲基硫菌灵可湿性粉剂800倍液，或70%代森锰锌可湿性粉剂500倍液，或80%福·福锌可湿性粉剂500倍液，每隔7～10天喷施1次，连续喷施2～3次，交替使用，防治炭疽病。可用50%腐霉利可湿性粉剂1500倍液或50%噻菌灵可湿性粉剂1000～1500倍液等喷施，也可选用腐霉利、百菌清、三乙膦酸铝等烟剂进行烟熏处理，每隔7～10天喷施（熏）1次，连续喷施（熏）2～3次，防治灰霉病。

蚜虫可用25%噻虫嗪水分散粒剂2500～3000倍液，或10%吡虫啉可湿性粉剂1000倍液，或25%噻嗪酮可湿性粉剂1500倍液喷雾防治，也可用30%吡虫啉烟剂或20%异丙威烟剂熏杀。菜青虫、小菜蛾、甜菜夜蛾等可用2.5%多杀霉素悬浮剂或20%虫酰肼悬浮剂1000～1500倍液喷雾防治。

模式二　大拱棚早春西瓜—秋延迟茄子高效栽培模式

（一）种植茬口安排

1. 早春西瓜
12月播种育苗；翌年2月上中旬定植，5月上旬收获。

2. 秋延迟茄子
翌年7月上旬小拱棚育苗，8月上旬定植，12月底拉秧。

（二）栽培管理技术

1. 早春西瓜
早春西瓜的栽培管理参见"大拱棚早春西瓜—秋延迟辣/甜

椒高效栽培模式"相关内容。

2. 秋延迟茄子

（1）**品种选择**　多选用株型紧凑、生长势中等、苗期耐高温、开花结果期耐低温的品种，结合当地种植习惯选购茄种，如大龙、黑将军等。

（2）**育苗**　采用50孔的黑色塑料穴盘育苗，或自配营养土进行营养钵育苗。营养土需进行消毒后使用。6月中下旬播种，将种子进行温汤浸种和催芽处理后，播于穴盘内，每穴1粒，深度为0.5～1厘米，大拱棚内覆盖遮阳网育苗，苗龄40～60天。

茄子忌连作，因此生产上多采用嫁接苗。砧木选择托鲁巴姆，砧木比接穗早播种30天左右，采用劈接法嫁接，嫁接后注意温湿度的管理。需遮阴处理，温度以25℃左右为宜，湿度以70%左右为宜。

（3）**定植**　定植宜在傍晚进行，采用起垄栽培，以栽培垄宽45～50厘米、操作行宽55～60厘米为宜。在定植穴内施入生物菌肥，定植时不宜太深，避免嫁接口接触地面，然后浇透定植水。秋季棚室内光照不理想，茄子又喜光，因此建议稀植，密度为1 200～1 600株/亩。

秋延迟茄子在定植后覆盖地膜，要用土将定植穴薄膜口压严压实，避免热气直接喷出烫伤植株。

（4）**田间管理**

①整枝打杈　茄子采用双干法进行整枝，茄子的分枝结果比较规律，以二杈分枝为主，主干结果。门茄采收后，摘除下部老叶，待对茄形成后剪去向外的两个侧枝，形成向上的南北双干。当植株长到60～70厘米时，开始吊蔓。此外，打掉对茄以下侧枝，将上面的旺枝留1个芽，打掉生长点，准备侧枝结果。

②肥水管理　定植时浇足定植水后，至门茄"瞪眼"（茄子长5～6厘米，粗3～4厘米）之前，土壤不旱不浇水，尽量不

施肥，以免引起植株徒长，造成落花落果。"瞪眼"期过后，浇水、施肥。每次浇水后，要通风排湿，减少病害发生。

③防落花落果　可采用 2,4-D 喷施或蘸花，浓度为 20～40 毫克／千克，或者选用对氯苯丙氨酸（PCPA）喷施或蘸花，浓度为 40～50 毫克／千克。

（5）收获　茄子果实达到商品标准时，要采收上市。采收茄子可延迟至 12 月。最后一次采收茄子可适当延迟 7～10 天上市，增加收益。严冬季节到来前采收完毕。

（6）病虫害防治　茄子病害有茎基腐病、叶霉病、黄萎病、疫病等，虫害有烟粉虱、蓟马、蚜虫等。

①农业防治　选用抗病、抗逆品种；定植时采用高垄或高畦栽培，并通过放风、地面覆盖等措施，控制各生育期的温湿度，减少或避免病害发生；增施充分腐熟的有机肥，减少化肥用量。

②物理防治　在大拱棚门口和放风口设置 40 目以上的银灰色防虫网，悬挂黄色或蓝色粘虫板诱杀蚜虫等。

③生物防治　采用捕食性天敌如七星瓢虫等捕食蚜虫，可降低瓜蚜的虫口密度。

④化学防治　猝倒病、立枯病发病初期防治可用 15% 噁霉灵水剂 1 000 倍液喷施。叶霉病、灰霉病可用 50% 腐霉利可湿性粉剂 1 000 倍液，或 50% 异菌脲可湿性粉剂 1 000 倍液，或 70% 百菌清可湿性粉剂 600～800 倍液，交替使用，每隔 5～7 天喷施 1 次，连续喷 3～4 次。

烟粉虱防治可采用 70% 吡虫啉水分散粒剂 1 500 倍液或 1.8% 阿维菌素乳油 1 500 倍液进行喷施防治。蚜虫可用 25% 噻虫嗪水分散粒剂 2 500～3 000 倍液，或 10% 吡虫啉可湿性粉剂 1 000 倍液，或 25% 噻嗪酮可湿性粉剂 1 500 倍液喷雾防治，也可用 30% 吡虫啉烟剂或 20% 异丙威烟剂熏杀。

模式三 大拱棚早春西瓜—秋延迟西葫芦 高效栽培模式

（一）种植茬口安排

1. 早春西瓜

12 月播种育苗；翌年 2 月上中旬定植，5 月上旬收获。

2. 秋延迟西葫芦

翌年 7 月上旬小拱棚育苗，8 月上旬定植，12 月罢园。

（二）栽培管理技术

1. 早春西瓜

早春西瓜的栽培管理参见"大拱棚早春西瓜—秋延迟辣 / 甜椒高效栽培模式"相关内容。

2. 秋延迟西葫芦

（1）**品种选择** 选择早熟、抗病、优质、高产、商品性好、适合市场需求的西葫芦品种，如早青一代、黑美丽等。

（2）**育苗** 播种前晒种 1 天，用清水浸种 4～5 小时，捞出晾干。可采用容器营养土育苗，也可直接在苗床上做畦挖 2 行穴，穴长 10 厘米、深 2 厘米，将晾干的种子放入穴内，每穴平放 2 粒种子，覆盖 2 厘米厚细土。2 粒种子保持一定距离，以备选苗。幼苗出土后，早查苗补苗，做到苗全苗壮。浅锄 1 次防止杂草生长，严格控制温湿度，加强管理，培育壮苗。西葫芦幼苗生长快，根系发达，断根后缓苗慢，故苗龄宜小。西葫芦叶片肥大，为防止拥挤，土坨要大，以 10～12 平方厘米为宜。壮苗指标为茎粗壮、节间短、叶色浓绿、叶柄较短、根系完整且株型紧凑。

（3）**定植** 西葫芦 3 叶 1 心时，选留壮苗，按宽行距 80 厘米、窄行距 60 厘米做小高垄，垄高 15 厘米左右，垄上覆地膜，株距 40～50 厘米；也可等行距种植，行距 60 厘米，株距 50 厘米，每亩 1 500 株左右。定植时在垄中间按株距要求开沟或开穴，将幼苗放入沟（穴）内，埋入少量土固定根系，浇水，水渗下时覆土并压实。定植后覆盖地膜，栽培垄及垄沟全部覆盖地膜。定植后为了防止高温死苗，可以覆盖遮阳网防高温、强光，促进缓苗。

（4）田间管理

①温度管理　西葫芦播种后，生长前期高温高湿，应注意降温防雨，创造适于西葫芦生长的环境条件。揭起四周棚膜，顶部风口昼夜开放，利于通风降温。下雨时关闭顶部风口，防止雨水淋进棚内。定植后白天温度 25～30℃、夜温 18～20℃，促进缓苗。开花坐果期，随着温度降低，逐渐关闭通风口，白天温度 22～25℃、夜温 15℃；果实膨大期，白天温度 20～23℃、夜温 13～15℃。后期温度逐步降低，应尽量提高棚内温度，以延长西葫芦生长期，减少早衰发生。秋冬季采用透光性好的功能膜，保持膜面清洁，白天揭开保温覆盖物，日光温室后部张挂反光幕，尽量增加光照强度和时间。夏秋季节适当遮阳降温。

②肥水管理　定植水要浇足，缓苗后可再浇 1 次水，第一茬瓜坐住后浇催果水，每 10～15 天膜下浇 1 次水。幼苗期至开花坐果之前，以中耕保水、控水控肥为主，防止因土壤水肥过多而出现徒长或"疯秧"。授粉植株占全棚植株 60% 时，选晴天浇水，不可大水漫灌。第一茬瓜坐住后追施硫酸钾复合肥 25～30 千克/亩，之后每隔 10～15 天追施 1 次。盛瓜期和生育后期可根外施 0.2% 磷酸二氢钾或氯化钙，每 15 天左右喷 1 次。棚东西两侧生长较弱的西葫芦可适当增加施肥量。

③整枝打杈　秋延迟栽培西葫芦，为了通风透光良好，每株用尼龙绳进行吊蔓，使植株直立生长。在植株有 8 片叶以上时进行

吊蔓与绑蔓，使植株高矮一致，互不遮光。在瓜蔓高度较高时，随着下部果实采收要落蔓。掐除卷须，抹除侧枝，疏除老叶，改善光照条件，促进新叶和幼瓜形成。疏叶后，在叶柄处喷洒农用链霉素，防止伤口感病腐烂。若雌花太多应进行疏花疏果。

④保花保果　西葫芦为异花授粉作物，在大拱棚内栽培易出现化瓜，需进行人工辅助授粉，方法是每天上午 6～10 时，采下雄花去掉花冠，将雄花的雄蕊轻轻地在雌花柱头上涂抹，即可完成人工授粉，每朵雄花可授 2～3 朵雌花。也可使用生长调节剂涂抹保果，效果较好。方法是每天上午 6～8 时，用 20～30 毫克/千克的 2,4-D 与 20～30 毫克/千克赤霉素再加 50% 腐霉利可湿性粉剂兑成混合液，用毛笔涂抹在开放的雌花花柱基部。防止重复涂抹和漏抹，以免化瓜。

（5）**收获**　根据当地市场消费习惯及品种特性，分批采收，减轻植株负担，以确保商品果品质，促进后期植株生长和果实膨大。早摘根瓜（重 0.2～0.4 千克即可），以后采摘的以单瓜重 0.4～0.6 千克为宜。幼果采收后，用毛边纸包好，装箱上市。收获过程中应防止机械损伤，收获后晾晒、销售。

（6）**病虫害防治**　秋延迟西葫芦病虫害主要有病毒病、灰霉病、白粉病和蚜虫等。

①病毒病　除采用农业防治和物理防治（如黄板诱杀、银灰色地膜趋避等）、生物防治（用丽蚜小蜂防治白粉虱）措施外，病毒病主要通过蚜虫传播，因此要以预防为主，控制和杀灭蚜虫、斑潜蝇等传播害虫，清除杂草，拔除感病植株，并带出棚外深埋，用肥皂水洗手后再进行农事操作。

②灰霉病　灰霉病首先在开花期由雌蕊柱头部位浸染子房，使幼果顶部发霉而腐烂，丧失产品价值。灰霉病防治，除加强放风排湿外，可喷施 50% 腐霉利可湿性粉剂 1 500～2 000 倍液或 58% 甲霜灵可湿性粉剂 1 000～1 500 倍液，也可用百菌清烟雾剂熏烟。

③白粉病　可用 70% 甲基硫菌灵可湿性粉剂 800～1000 倍液或 20% 三唑酮可湿性粉剂 1500～2000 倍液喷洒叶及茎表面防治。

④蚜虫　用 20% 啶虫脒乳油 2000～2500 倍液，或用 2.5% 高效氟氯氰菊酯乳油 1200～1500 倍液，或用 10% 氯氰菊酯乳油 1200～1600 倍液进行喷雾防治。

⑤白粉虱　可在危害初期，用 10% 联苯菊酯乳油 4000～8000 倍液或 2.5% 溴氰菊酯乳油 1500～2000 倍液喷施防治。

模式四　大拱棚早春西瓜—秋延迟潍县萝卜高效栽培模式

（一）种植茬口安排

1. 早春西瓜

12 月上旬于育苗畦中育苗；翌年 1 月上中旬嫁接，2 月上中旬定植，3 月中下旬授粉，4 月下旬至 5 月上旬收获第一茬瓜，5 月下旬至 6 月上旬收获第二茬瓜，7 月上旬拉秧后高温闷棚。

2. 秋延迟潍县萝卜

翌年 8 月 25 日—9 月 5 日播种，出苗后 3 天进行第一次间苗，第二片真叶展平期进行第二次间苗，4～5 片真叶期定苗，11 月中下旬收获。

（二）栽培管理技术

大拱棚为南北走向，拱棚宽 6.3～6.5 米、长 100～250 米，棚两侧埋水泥桩用于固定大拱棚的竹竿拱架，水泥桩长 0.8 米，将水泥柱按照斜向棚内 60 度角的方向埋入土中 40 厘米，水泥桩距 0.9～1 米。潍县萝卜生长前期不扣棚膜，至 10 月底霜降前绑上竹竿拱架，扣上薄膜，棚两侧离地 0.6 米处留放风口。

早春在大拱棚内定植西瓜时，为提高棚温，潍坊地区多采用"4膜1苫"覆盖的保温方法，即大拱棚里套小拱棚，小拱棚内覆地膜，夜间小拱棚外覆盖草苫保温，大拱棚和小拱棚间有1层"二拱子"，在"二拱子"上安装1块薄膜作为"二膜"，提高大拱棚保温能力。

1. 早春西瓜

（1）**品种选择** 选择品质优，成熟期短，单瓜重约为2.5千克的小型西瓜品种。例如，早春红玉、全美2K、红小玉、特小凤等。

（2）**育苗** 在有集约化育苗工厂的地区，可以根据定植时间与育苗工厂签订购苗协议，将西瓜品种提供给育苗工厂，由育苗工厂提供壮苗，这样可以减少农户的工作量。为避免保护地西瓜受重茬病害的影响，全部采用南瓜嫁接。

若农户自己育苗，可采用以下方式。

①搭建育苗棚 选用东西走向的大拱棚或日光温室作为育苗棚。其中在大拱棚育苗时，需将大拱棚中间偏北一侧的顶上拱架作为支点，固定并垂下2层草苫，草苫两侧各铺1层薄膜作为后墙，棚内南侧搭建小拱棚作为育苗畦，小拱棚上扣薄膜，夜间覆盖草苫保温。大拱棚和小拱棚间有1层"二拱子"，在"二拱子"上安装1块薄膜作为"二膜"。

②制作育苗钵 配制育苗营养土，应选用未种过瓜类作物的田园深层土7份、腐熟的农家厩肥3份，每立方米育苗土加入三元复合肥1千克、过磷酸钙1千克、70%甲基硫菌灵或50%多菌灵粉剂0.5千克，充分混匀，粉碎过筛，装入直径8～10厘米的育苗钵中。

③种子消毒与催芽 种子催芽前需进行种子消毒，防止种传病害的发生。用10%磷酸三钠溶液浸种20分钟消毒，消毒后的种子用清水冲洗干净后放入30℃温水中浸种6～8小时。也可以采用热水烫种法消毒，将种子放入65℃热水中烫种3分钟，同时需不停地搅拌，然后放入30℃温水中浸种6～8小时。

浸种结束后，将种子放入清水中搓洗掉种皮上的黏液，用湿布包好，置于 25～30℃条件下催芽，当 2/3 种子露白时即可播种。

④适时播种 潍坊地区 12 月上旬开始播种，先播嫁接砧木（南瓜），7 天左右后播种西瓜。播种前将育苗钵浇透水，每钵播种 1 粒种子，砧木播种深度为 2 厘米，西瓜播种深度为 1.5 厘米。为节省空间，接穗种子撒播于育苗床上，覆盖 1.5～2 厘米厚基质。覆好顶土后，淋透水，育苗钵上方覆盖白色的地膜或无纺布保湿，扣好小拱棚膜。

⑤嫁接前的管理 出苗前，控制育苗棚白天温度在 25～30℃，棚内最高温度不超过 33℃，夜间需覆盖草苫保温，保证夜温在 18～20℃。待种子开始顶土后，去掉育苗钵上方的地膜或无纺布覆盖物。苗齐后白天温度保持在 20～25℃，夜间温度保持在 13～17℃，不能低于 10℃。

（3）培育嫁接苗

①嫁接适期 当砧木长到 1 叶 1 心、茎粗 2.5～3 毫米、接穗子叶刚刚展平时，为嫁接最适时期。嫁接前 1 天喷洒 1 次 75%百菌清可湿性粉剂 600 倍液。嫁接时选择晴天进行，且避免阳光直射。

②嫁接前的准备 嫁接操作在适当遮光的棚内进行。嫁接前准备好嫁接竹签、刀片、消毒药剂等嫁接工具。嫁接人员和嫁接工具均需用 75%乙醇溶液或 0.3%高锰酸钾溶液消毒。

③嫁接方法 目前瓜类嫁接采用插接法。将砧木放置在高度合适的平台上，剔除真叶和生长点。用竹签紧贴子叶叶柄中脉基部向另一子叶柄基部呈 45 度左右斜插，不可刺破表皮，深度为 0.6～0.8 厘米。取出瓜苗，在子叶下部 0.5～1 厘米处，用刀片斜切长 0.5～0.8 厘米楔形面，长度大致与孔的深度相同，从砧木拔出竹签，将其插入砧木的孔中，使砧木与接穗紧密贴合、两者子叶交叉呈"十"字形，嫁接完一盘立即将嫁接苗盘整齐排列

在用小拱棚搭起的苗床中，覆盖好棚膜和遮阴物。

④嫁接苗管理　嫁接苗成活之前，要根据棚内的温度来进行光照管理。只要棚内温度不超过 32℃，接穗不萎蔫，就应该尽量增加光照。温度超过 32℃时，就要遮阴降温。嫁接后 1～3 天，嫁接苗就可以适当见光，但以散射光为主，避免阳光直射，见光的时间要短；嫁接后 4～7 天，可逐渐延长光照时间，加大光照强度，在早、晚见光，中午光照强烈时遮阴；嫁接 1 周后就不再需要遮阴，但要时刻注意天气变化，特别是多云转晴天气，转晴后接穗易萎蔫，一定要遮阴；嫁接 10～12 天后就不需要遮阴。

嫁接苗成活后，应摘除砧木上萌发的不定芽，保证接穗的健康生长，去除时切忌损伤子叶及摇摆接穗。摘除萌蘖时进行拼苗，将大小一致、健壮的嫁接苗移至同一育苗畦里；小苗、弱苗可放在一起，加强管理；剔出病苗销毁。西瓜苗期不需追肥，如果嫁接苗生长后期长势弱，可于叶面、根外喷施 0.2%～0.3% 尿素和磷酸二氢钾水溶液。如幼苗出现徒长现象，应喷施矮壮素 500 倍液，并在清晨或傍晚浇水，保持土壤湿润。

⑤炼苗　嫁接苗出苗前 5～7 天停止浇水，开始炼苗，使苗床环境条件接近栽培环境条件。出苗前喷施一遍 75% 百菌清可湿性粉剂 600 倍液或 70% 代森锰锌可湿性粉剂 800 倍液预防病害。

（4）定　植

①整地施肥　在拱棚两侧距离棚边 1 米的位置开始，开 2 条宽 1.3 米的定植沟，棚中间留 3 米宽的空间作为坐瓜区。定植沟内每亩一次性施入腐熟农家肥 1000 千克、过磷酸钙 50 千克、三元复合肥 50 千克、硫酸钾复合肥 50 千克、饼肥 50 千克，深翻，与土壤充分混匀。

②定植时期　当瓜苗长到 4～5 片真叶时，将其移栽定植到定植沟内，株距 40 厘米。尽量选择晴天的上午移栽。栽后安装滴灌管道于定植沟内，覆盖地膜并挖孔以露出瓜苗，苗四周用土压

实，浇透水，以后每周补一次水。定植后每天晚上需盖好草苫和各层薄膜，直至清明节前才停止夜间覆盖草苫，至4月下旬拆掉小拱棚和"二膜"。拆膜过早，夜温太低，西瓜易长成"厚皮瓜"。

（5）田间管理

①整枝吊蔓　因小型西瓜需要留多茬瓜采收，要严格整枝，减少养分的浪费。采用双蔓整枝，保留主蔓，将长势最强的1个侧蔓也作为主蔓，去除其余的侧蔓。将2条定植沟的瓜蔓全部引向拱棚中间的方向生长。当主蔓生长到60～80厘米时开始整枝，去除坐果节位的其他侧蔓或孙蔓，待坐果后不再整枝。利用小枝条或拉绳子等方式固定秧蔓，防止瓜蔓被风吹翻而影响光合作用进程。

②授粉坐瓜　根据瓜蔓长势选择第二或第三朵雌花授粉，当瓜蔓长势旺时选择第二朵雌花授粉，可防止植株徒长。若植株长势较弱，则授第三朵花或再增加节位。为提高坐果率和授粉质量，选择开花期的上午8～10时进行人工授粉。授粉后在雌花旁边做上标记，注明授粉时间，便于适时采收。第一茬瓜采收前后进行第二次授粉，留二茬瓜。生长后期，根据瓜蔓长势授粉三茬瓜或四茬瓜。

③疏果　当西瓜长至鸡蛋大小时，选留果形端正、个大、瓜柄直而粗、有茸毛的幼瓜，摘除生长不良的幼瓜。双蔓整枝的两条主蔓各留1个瓜。

④翻瓜　坐果后15～20天，于晴天下午进行一次翻瓜，使朝地的一侧瓜面转向上面，同时用干燥的稻草或果垫垫果，促使西瓜表皮着色均匀。

⑤肥水管理　为促进优质生产，早春拱棚小型西瓜宜采取滴灌浇水。根据植株长势，坐果前，特别是开花前后不追肥，防止植株徒长或不坐果。待幼瓜坐稳长到鸡蛋大小时，开始追肥，促进果实膨大。肥料配好，利用滴灌将追肥施入瓜沟中，每隔1周追施高效速溶三元复合肥20千克/亩。为防止植株早衰，提高

品质，可叶面喷施 0.3% 磷酸二氢钾补充养分。西瓜膨大期间需要保持田间湿润，采收前 7～10 天控制水分，过量浇水会造成裂瓜。当二茬瓜、三茬瓜坐住后，采用同样的方法追肥。

（6）**收获**　定植较早、棚温管理得当的地块，头茬瓜于 4 月中下旬即可成熟上市，平均单果重 2.5 千克，每亩产量在 3 000 千克左右，此时正值市场瓜果紧缺的时期，收购价可达 5～6 元 / 千克，头茬瓜每亩产值达 1.5 万元左右。头茬瓜采收后授粉、追肥，二茬瓜于 6 月上旬上市。三茬瓜、四茬瓜根据田间瓜蔓长势留取，适时采收上市。

（7）**病虫害防治**　西瓜田病虫害防治工作应遵循"预防为主"的基本原则。在栽培前彻底清除枯枝烂叶以及田间杂草，播种前进行种子消毒。整地时多施磷钾肥以及有机肥，不可偏用氮肥，田间管理应做好通风排湿工作，确保田畦光照充分。西瓜白粉病可用 50% 硫磺悬浮剂 600 倍液，或 4% 抗霉菌素水剂 300 倍液，或 2% 阿司米星水剂 200 倍液喷雾处理，每隔 7～10 天喷洒 1 次，持续 2～3 次。西瓜田虫害以蚜虫、粉虱、斑潜蝇为主，在清明节前，西瓜田间悬挂黄色粘虫板可有效降低虫口密度；化学防治可选择 10% 吡虫啉可湿性粉剂 4 000 倍液或 25% 噻虫嗪可湿性粉剂 5 000 倍液交替喷雾防治，每隔 7～10 天喷洒 1 次，持续 2～3 次；也可于夜间盖好棚后，点燃敌敌畏烟剂，每隔 7～10 天熏 1 次。西瓜收获前 15 天禁用农药。

2. 秋延迟潍县萝卜

（1）**品种选择**　选择潍坊市农业科学院筛选的二大缨或小缨潍县萝卜品系。潍县萝卜是潍坊地方品种，部分潍坊农户有自己留种的习惯，但因开花授粉时隔离不到位，易造成萝卜种质混杂，萝卜品质下降。

（2）**整地做畦**　选择土壤深厚、肥沃，有良好灌排条件的地块。潍县萝卜生长期短，施肥时采取"施足基肥，少量追肥"的原则。种植地块在前茬作物收获后，每亩施入充分腐熟有机肥

1 000千克、饼肥75～100千克、硫酸钾复合肥50千克作为基肥，深翻25厘米左右，充分晾晒后，耙平做畦。潍县萝卜需采用平畦栽培，畦面宽2～3米，畦长依地块而定。采用喷灌方法，每个拱棚内安装1～2条喷灌带，每条喷灌带长不宜超过100米，喷灌带太长会造成水压不足。

（3）**播种**　秋延迟潍县萝卜于8月25日—9月5日播种。播种较早，萝卜生长过程中气温较高，肉质根中芥辣素含量偏高，口感太辣；播种较晚，萝卜生长过程中的积温不足，无法生长成熟。

传统的潍县萝卜采用条状沟播，播种沟行距30～35厘米，播深1.5～2厘米，撒播于沟中，每亩用种量为0.5千克左右。有条件的农户可利用播种带编织机，将精选后的萝卜种以一定的距离固定在播种带上，播种时直接将播种带埋到播种沟中，这样可提高出苗整齐度。播种后覆土厚2厘米，墒情好时，不用浇水；墒情差时，覆土后浇透水。

（4）**田间管理**

①间苗与定苗　萝卜苗出齐后立即进行第一次间苗，苗间距3～4厘米，防止幼苗挤压而长歪；2～3片真叶时进行第二次间苗，苗间距8～10厘米；5～6片真叶时进行第三次间苗，即定苗，苗间距22～28厘米。间苗时除去弱苗、病苗。定苗后每亩留萝卜苗7 000～8 000株。

②肥水管理　潍县萝卜发芽后，为防止萝卜徒长，不浇水。进入幼苗期后，需小水少浇，保持土壤湿润。肉质根生长前期即破肚期，掌握"地不干不浇，地皮发白才浇"的原则，但浇水不宜过多。肉质根生长盛期，保证浇水均匀、充足，此期应注意防涝、防干旱，5～7天喷灌1次水。最好傍晚浇水，采收前7～10天停止浇水。定苗前萝卜田划锄2遍，肉质根开始膨大后停止划锄。在潍县萝卜生长后期，为提高潍县萝卜品质，通过叶面追肥，追施萝卜必需的微量元素，实现萝卜生长所需的营养供应充

足。利用喷灌追施 1～2 次高钾水溶肥 5 千克 / 亩。

③扶直萝卜幼苗 潍县萝卜的肉质根主要是由地上部的根贮存营养物质后膨大而成的。顺直的潍县萝卜外形美观，肉质均匀，商品价值高。为提高潍县萝卜的顺直度，萝卜定苗完成后，肉质根膨大前，人工将潍县萝卜根系扶直一遍，使直立的根系生长成顺直的萝卜，以利于提高潍县萝卜的成品率。

④清除老叶、病叶 潍县萝卜肉质根的特点是绿皮绿肉，脆甜微辣。呈现绿色是因为肉质根含有丰富的叶绿素，甜味是因为肉质根积累了丰富的营养物质。摘除萝卜上的老叶、病叶，增加田间通透性，减少病害的发生，还增加了潍县萝卜的肉质根光照，促进叶绿素形成，使萝卜肉质根更加翠绿。肉质根叶绿素含量得到提高，提升了整株萝卜的光合作用能力，促进了营养物质的积累。每次清除老叶、病叶后，马上浇水，防止在田间操作时萝卜晃动。萝卜根系受损，吸水能力变弱，易造成萝卜糠心。

⑤适时扣膜 在萝卜生长后期，适当的低温环境可以促进潍县萝卜肉质根内的淀粉转化为可溶性糖，提高萝卜的甜度和脆度。在霜降前，根据天气情况，将大拱棚扣上薄膜保温，防止潍县萝卜发生冻害。在无霜降的天气下，夜间不必关闭拱棚的通风口，使萝卜在生长后期得到较长时间的低温锻炼，达到提高潍县萝卜品质的目的。

（5）适时收获 如果潍县萝卜作为水果萝卜销售，可以采用分批采收的办法。挑选肉质根外观顺直，长度为 25～32 厘米，单株重 0.45～0.6 千克的萝卜采收。采收一次后浇一遍水，防止在采收萝卜时导致其他萝卜晃动，使萝卜根系受损，吸水能力变弱，造成萝卜糠心。若萝卜生长后期，气温下降较快，萝卜肉质根商品性状还达不到收获的标准，可以在大拱棚内再搭小拱棚，夜间覆盖上小拱棚膜，白天敞开采光，延长萝卜生长期，直至收获结束。采取分批收获的方式，每亩可收获顺直的潍县萝卜 5 000 个左右，以每个萝卜 1.2 元计算，每亩产值为 6 000 元。

（6）**病虫害防治** 潍县萝卜生产过程中的主要病害有病毒病、霜霉病、黑腐病和根结线虫病。通过防控蚜虫和粉虱可以预防病毒病的传播。通过科学施肥、合理灌溉、间苗定苗、降低田间湿度、清除病重株，可以防控霜霉病和黑腐病。潍县萝卜生产过程中的主要虫害有蚜虫、烟粉虱、夜蛾等。在种植前，清除地块周边的杂草，尤其是在播种前清除四周的前茬十字花科蔬菜，可以减少虫源。再通过在生产田间悬挂杀虫灯、粘虫板等物理措施，可以有效控制虫害的发生。

在物理防控的基础上，在病虫害扩大传播的关键时期，可以通过喷施生物农药有效防控病虫害的传播。在霜霉病发病初期可用 50% 甲霜灵可湿性粉剂或 72% 霜霉威可湿性粉剂 800 倍液防治；软腐病、黑腐病可用 2% 春雷霉素可湿性粉剂 1 000～1 500 倍液防治；白粉虱和蚜虫可用 10% 吡虫啉可湿性粉剂 4 000 倍液或 25% 噻虫嗪水分散粒剂 5 000 倍液交替喷雾防治。

如果是重茬 3 年以上的瓜菜田，需在夏季的 6—7 月，撒施噻唑膦颗粒剂 2 千克 / 亩深翻，地表覆盖好地膜或薄膜后浇透水，将拱棚通风口关严，闷棚 30 天左右。重茬 5 年以上的瓜菜田，西瓜枯萎病和根结线虫病极严重的地块则应采取轮作方式，种植小麦或玉米 3 年以上后再重新建棚使用。

模式五　大拱棚早春西瓜—秋延迟西瓜高效栽培模式

（一）种植茬口安排

1. 早春西瓜
12 月播种育苗；翌年 2 月上中旬定植，5 月上旬收获。

2. 秋延迟西瓜

翌年 7 月初播种育苗，7 月中下旬定植，10 月上旬收获。

（二）栽培管理技术

1. 早春西瓜

早春西瓜的栽培管理参见"大拱棚西瓜—秋延迟辣 / 甜椒高效栽培模式"相关内容。

2. 秋延迟西瓜

（1）**品种选择**　选择品质优、成熟期短、单瓜重在 2.5 千克左右的小型西瓜品种，如早春红玉、全美 2K、红小玉、特小凤等，在夏秋大拱棚中生产表现较好。

（2）**育苗**　采用嫁接育苗，砧木播种要比接穗早 5～7 天。砧木种子播于营养钵内，接穗种子播于营养钵内或苗床上。待砧木 1 叶 1 心、西瓜真叶初露时适时嫁接。嫁接采用顶插法，嫁接后进行遮阴，避免阳光直射，白天温度 25～28℃、夜间温度 18～22℃，空气湿度控制在 70% 以上，4～5 天后适当通风降湿，7 天后逐步揭去覆盖物，适度透光，10 天后转入正常管理，控制白天温度在 20～25℃、夜间温度在 15～17℃，防止高脚苗出现。定植前要适当降温炼苗 1 周。

（3）**定植**　当瓜苗长到 3～4 片真叶时，将其移栽定植到定植沟内，株距 40 厘米。尽量选择晴天的上午移栽。

（4）**田间管理**　秋延迟西瓜的田间管理参见"大拱棚早春西瓜—秋延迟潍县萝卜高效栽培模式"中的早春西瓜田间管理。

（5）**收获**　西瓜成熟后，果实坚硬光滑并有一定光泽，皮色鲜明，花纹清晰，可根据品种特性确定西瓜成熟后，适时全部采收。采收时，用刀割或用剪子剪断果柄，且果柄留在瓜上。采收时间以早晨或傍晚为宜。

（6）**病虫害防治**　秋延迟西瓜的病虫害防治参见"大拱棚早春西瓜—秋延迟辣/甜椒高效栽培模式"中的早春西瓜病虫害防治。

模式六 大拱棚早春甜瓜—秋延迟辣／甜椒 高效栽培模式

（一）种植茬口安排

1. 早春甜瓜

1 月播种育苗，2 月中旬定植，4 月下旬采收第一茬甜瓜，6 月下旬采收第二茬甜瓜。

2. 秋延迟辣／甜椒

6 月（5 月）上中旬辣椒育苗，7 月（6 月）中下旬辣椒定植，9 月底至 10 月初辣／甜椒上市，12 月拉秧。

（二）栽培管理技术

1. 早春甜瓜

（1）**品种选择** 选择早熟、高产、耐寒、品质好、商品形状优良的薄皮甜瓜品种，如青州银瓜、羊角蜜、甜宝等，选用白籽南瓜作为砧木嫁接。

（2）**育苗** 1 月中下旬播种，2 月中旬定植，砧木播种要比接穗早 5～7 天。砧木种子播于营养钵内，薄皮甜瓜种子播于营养钵内或苗床上。播种前对种子进行温汤浸种消毒。

嫁接：待砧木 1 叶 1 心、甜瓜真叶初露时适时嫁接。嫁接采用顶插法，嫁接后进行遮阴，避免阳光直射，白天温度 25～28℃、夜间温度 18～22℃，空气湿度控制在 70% 以上，4～5 天后适当通风降湿，7 天后逐步揭去覆盖物，适度透光，10 天后转入正常管理，控制白天温度在 20～25℃、夜间温度在 15～17℃，防止高脚苗出现。定植前要适当降温炼苗 1 周。

（3）**定植** 大拱棚内提前搭设小拱棚，提高地温。选择晴天，在垄上按株距 40 厘米打定植穴，将甜瓜苗去钵放入定植穴内，周围用客土填实，浇足定植水后，封穴。定植后 7 天左右，覆盖银灰色地膜。

（4）田间管理

①整枝打杈 在甜瓜团棵甩蔓后，要理蔓整枝。此时需将甜瓜植株上的雄花摘除。采用单蔓整枝，将主蔓生长点打掉，待子蔓 30 厘米时，进行吊蔓。在伸蔓期，第一茬瓜从子蔓上第八节位到第十三节位的孙蔓留瓜，第八节位以下的侧枝全部摘除。孙蔓留瓜时，需对孙蔓进行打顶操作，宜在孙蔓瓜前、瓜后各留一叶进行打顶，利于瓜后期生长。单蔓整枝的第一茬瓜留 3 个，双蔓整枝的 2 个蔓各留 2 个瓜。

②温度管理 在大拱棚早春薄皮甜瓜栽培过程中，不同生长期对温度要求不同，缓苗阶段要求较高的温度，白天气温在 28～32℃，夜间不低于 14℃。缓苗后，白天气温在 25～30℃，夜间不低于 15℃。坐瓜后，白天气温保持在 28～32℃，气温达 30℃时，可进行放风，午后低于 28℃时，要关闭通风口，夜间保持温度在 15～18℃。随着温度的上升，大拱棚内的温度管理以通风为主，防止高温伤苗和瓜秧早衰。

③肥水管理 大拱棚早春甜瓜前期因温度偏低，应尽量减少浇水。定植时浇足底水，缓苗期不浇水。甜瓜进入伸蔓期后，浇水并冲施水溶性肥料 5～8 千克/亩。雌花开花前后要控制浇水，以利于坐瓜。当多数植株坐住 2 个瓜时，开始浇大水，浇水 2 次，施水溶性肥料 1 次，每次 5～8 千克/亩。浇水前后结合化学防治，可喷施叶面肥料，补充中微量元素，提高甜瓜品质。

④授粉管理 甜瓜为雌雄异花同株作物，应适时进行人工授粉以提高坐瓜率。授粉时选用肥大的雄花，在上午 8～11 时进行。阴天低温时，雄花散粉晚，可适当延后，也可采取辅助授粉方式，如用坐瓜灵蘸花或涂抹果柄。

（5）收获 甜瓜不耐储存，在九成熟时采收。采收时，用剪子剪断果柄，且果柄留在瓜上。采收时间以早晨或傍晚为宜。

（6）病虫害防治

①根结线虫病　为防治根结线虫的危害，采用穴施或撒施颗粒药剂的方法，如选用噻唑膦颗粒剂，每亩用量为500～1 000克。

②细菌性病害　缓苗期主要防治细菌性病害，以预防为主，7～10天化学防治1次，选用10%苯醚甲环唑水分散粒剂1 500倍液防治炭疽病。

③蔓枯病　可选用75%甲基硫菌灵可湿性粉剂800～1 000倍液，或70%代森锰锌可湿性粉剂500～600倍液，或25%吡唑醚菌酯悬浮剂1 000倍液等防治，每7～10天防治1次。

④菜青虫、吊丝虫　可选择喷洒苏云金杆菌悬浮剂500～800倍液，也可选用1.8%阿维菌素乳油2 000倍液喷雾。防治蚜虫可采用2.5%溴氰菊酯乳油2 000倍液，或25%噻虫嗪水分散粒剂4 000倍液，或10%吡虫啉可湿性粉剂2 500倍液等喷施。

2. 秋延迟辣/甜椒

秋延迟辣/甜椒的栽培管理参见"大拱棚早春西瓜—秋延迟辣/甜椒高效栽培模式"相关内容。

模式七　大拱棚早春甜瓜—秋延迟茄子高效栽培模式

（一）种植茬口安排

1. 早春甜瓜

1月播种育苗，2月中旬定植，4月下旬采收第一茬甜瓜，6月下旬采收第二茬甜瓜。

2. 秋延迟茄子

7月上旬小拱棚育苗，8月上旬定植，11月底拉秧。

（二）栽培管理技术

1. 早春甜瓜

早春甜瓜的栽培管理参见"大拱棚早春甜瓜—秋延迟辣／甜椒高效栽培模式"相关内容。

2. 秋延迟茄子

秋延迟茄子的栽培管理参见"大拱棚早春西瓜—秋延迟茄子高效栽培模式"相关内容。

模式八　大拱棚早春甜瓜—秋延迟黄瓜高效栽培模式

（一）种植茬口安排

1. 早春甜瓜

1月播种育苗，2月中旬定植，4月下旬采收第一茬甜瓜，6月下旬采收第二茬甜瓜。

2. 秋延迟黄瓜

7月下旬至8月上旬播种育苗，11月底前后拉秧。

（二）栽培管理技术

1. 早春甜瓜

早春甜瓜的栽培管理参见"大拱棚早春甜瓜—秋延迟辣／甜椒高效栽培模式"相关内容。

2. 秋延迟黄瓜

（1）**品种选择**　应选择苗期较耐热、生长势强、抗病、高产的黄瓜品种，如津研4号、秋棚1号和津杂4号等。

（2）**育　苗**

①种子处理　将选好的黄瓜种子放入为种子体积5～6倍

的 55℃温水中不断搅动，随时补充温水保持 10 分钟，不断搅动至水温降到 30℃时停止，再浸泡 4～6 小时，捞出用湿布包好，再用清水冲洗干净。也可使用药剂浸种：先将种子用清水浸泡 5～6 小时，捞出放入 1 000 倍高锰酸钾溶液中消毒 30 分钟左右，捞出用湿布包好，再用清水冲洗干净。将处理后的种子放在多层湿布或湿毛巾中，在 25～30℃环境中催芽 1～2 天，每天用清水冲洗 1 次，待 75% 的种子开始露白时即可播种。

②育苗方法　秋延迟黄瓜采用直播或者育苗移栽。育苗包括常规育苗和穴盘育苗。常规育苗即做畦育苗，畦宽 1～1.2 米，畦长 6 米左右，每亩畦面撒施腐熟有机肥 3 500～4 000 千克、三元复合肥 50 千克，翻土 25～30 米深，使肥和土充分拌匀。搂平畦面，按 10 厘米×10 厘米行株距画方格，在每格中央平摆 2 粒种子，上面覆盖 2 厘米厚营养土，轻踩 1 遍后灌水。幼苗有 3 片真叶时即可定植。也可用 72 孔的育苗盘育苗，基质要求透气性好、渗水性好、富含有机质等。常用混合基质配方为，草炭：珍珠岩（蛭石）：秸秆发酵物（食用菌废弃培养料）＝ 1:1:1 或 1:2:1；草炭：蛭石：珍珠岩＝6:1:2；草炭：碳化稻壳：蛭石＝6:3:1；草炭：蛭石：炉渣＝3:3:4。选好基质材料后，按照配比进行混合。混合过程中每立方米基质拌入 50% 多菌灵可湿性粉剂 200 克进行消毒。

播后保持白天温度在 25～30℃、夜间温度在 15～18℃，2～3 天即可出苗。出苗后需揭掉薄膜。待长有 3～4 片真叶时即可进行移栽定植。

（3）定植　定植前每亩施用充分腐熟好的牛粪 8～10 立方米，或优质土杂肥 10 立方米、磷酸二铵 50 千克、硫酸钾 25 千克或硫酸钾复合肥（$N:P_2O_5:K_2O$=15:15:15）100 千克。5 年以上老棚可以加施中微量元素肥料 50 千克作基肥。整地做畦，小行距 60～80 厘米，大行距 80～120 厘米。定植株距 35～40 厘米。

（4）田间管理

①温度管理 生长前期注意通风降温，使棚内温度保持在白天25～28℃、夜间13～17℃，昼夜温差在10℃以上。结瓜盛期棚内温度白天控制在25～28℃、夜间控制在15～18℃，外界气温15℃以上时，不能关闭通风口。当最低气温低于13℃时，夜间要关闭通风口。结果后期要注意采取保温措施。

②肥水管理 生长前期正值高温多雨季节，黄瓜生长速度快，在管理上要适当控制肥水，防止徒长。如基肥充足，基本可不必再施肥。在水分管理上，应坚持小水勤浇，保持土壤湿润。黄瓜生长前期浇水2～3次，温度高时每4天浇1次水，温度低时每5～6天浇1次水。10月下旬后每7～8天浇1次水。施肥宜分次薄施，着重开花结果期施用，可在开花以后，每隔10天左右，每亩施用三元复合肥10～15千克，盛果期增至15～20千克，每采收2次追肥1次。雨天宜干施，晴天可湿施、沟施或穴施，施后覆土。盛果期还可用0.3%～0.5%的尿素、磷酸二氢钾等混合液进行根外追肥。

③绑蔓落蔓 黄瓜卷须的缠绕能力差，需人工绑蔓。黄瓜定植后15～20天，茎蔓长到40厘米，开始出现倒伏前，就要吊绳绑蔓。吊蔓要选择在晴天的下午进行，此时黄瓜茎秆含水量少，吊蔓时不易折断茎蔓。在黄瓜长到棚顶或超过人们田间操作的正常高度时，就要将瓜蔓落下，落蔓宜选择在晴暖午后黄瓜植株的水分不多时进行，这样不易损伤茎蔓。切记不要在含水量高的早晨、上午或浇水后落蔓，以免损伤茎蔓，影响植株正常生长。落蔓时先将病叶、丧失光合能力的老叶摘除，带至棚外烧毁，避免落蔓后靠近地面的叶片因潮湿的环境而发病。落蔓时先将缠绕在茎蔓上的吊绳松开，顺势把茎蔓落于地面，切忌硬拉硬拽，使茎蔓有顺序地向同一方向逐步盘绕于栽培垄的两侧。开始落蔓时，茎蔓较细，间隔时间要短，绕圈要小，茎蔓长粗后，落蔓时间间隔可稍长些，绕圈大些，可一次性落茎蔓的1/4～1/3。保持有叶

茎蔓距垄面 15 厘米左右。落蔓后喷洒保护性杀菌剂预防病害发生，且落蔓前后 5 天最好不要浇水，之后合理掌控肥水，促进黄瓜生长。

④激素处理　为了增加雌花的数量，防止秧苗徒长，常采用生长激素乙烯利处理。在幼苗长至 1 叶 1 心时，用浓度为 100 毫克 / 千克的乙烯利喷黄瓜植株，每隔 2 天喷 1 次，共喷 3 次。乙烯利浓度过高，易出现花打顶，生长缓慢；浓度过低，效果不明显。另外要在早晨使用，避免中午高温喷洒而产生药害。此外，去除卷须及侧枝。

（5）**收获**　秋延迟黄瓜应按当地的消费习惯适时采收，不要留大瓜，以防坠秧和引起化瓜。

（6）**病虫害防治**　秋延迟黄瓜常见的病害有霜霉病、疫病、枯萎病、白粉病等，虫害有蚜虫、白粉虱和潜叶蝇等。

①霜霉病　可用 70% 代森锰锌可湿性粉剂 500 倍液，或 75% 百菌清可湿性粉剂 600 倍液，或 72% 霜脲·锰锌可湿性粉剂 600～800 倍液交替使用。

②疫病　可采用 58% 甲霜灵·锰锌可湿性粉剂 500 倍液，或 25% 甲霜灵可湿性粉剂 800 倍液，或 75% 百菌清可湿性粉剂 600 倍液喷雾防治。

③白粉病　可用 25% 三唑酮可湿性粉剂 1 500 倍液，或 70% 甲基硫菌灵可湿性粉剂 1 000 倍液，或 30% 氟菌唑可湿性粉剂 5 000 倍液喷雾防治。

④枯萎病　可用 50% 多菌灵可湿性粉剂 600 倍液或 15% 噁霜灵水剂 450 倍液灌根。

⑤炭疽病　可用 70% 代森锰锌可湿性粉剂 500 倍液或 50% 福·福锌可湿性粉剂 800 倍液喷防。

⑥蚜虫　可用 1.8% 阿维菌素乳油 3 000～4 000 倍液，或 10% 吡虫啉可湿性粉剂 2 000～3 000 倍液，或 5.7% 氟氯氰菊酯乳油 3 000 倍液喷洒。

⑦白粉虱　可用 22% 灭蚜灵烟雾剂熏蒸，方法为每亩用 22% 灭蚜灵乳油 250 毫升，倒入 400 克烟雾剂中充分拌匀，分成 5 包，于傍晚点燃，用暗火熏蒸。

⑧潜叶蝇　可选用 50% 灭蝇胺可湿性粉剂 2 000～3 000 倍液或 1% 阿维菌素乳油 1 500 倍液喷雾防治。

此外，也可释放天敌如丽蚜小蜂、中华草蛉、赤座霉菌等防治白粉虱，释放姬小蜂、反颚茧蜂、潜叶蜂等防治潜叶蝇。

模式九　大拱棚早春薄皮甜瓜—秋延迟厚皮甜瓜高效栽培模式

（一）种植茬口安排

1. 早春薄皮甜瓜
1 月播种育苗，2 月上旬定植，5 月上旬收获。
2. 秋延迟甜瓜
7 月中下旬育苗，8 月上旬定植，11 月底拉秧。

（二）栽培管理技术

1. 早春薄皮甜瓜
早春薄皮甜瓜的栽培管理参见"大拱棚早春甜瓜—秋延迟厚皮甜瓜高效栽培模式"相关内容。

2. 秋延迟厚皮甜瓜

（1）**品种选择**　选择抗病力强、生育后期较耐低温和弱光、品质和耐贮性好的品种，如伊丽莎白、鲁厚甜 1 号、西州蜜 25 等。

（2）**育苗**　秋延迟甜瓜栽培正值夏秋季，温度高、降雨多、病虫害发生重，宜采用营养钵填营养土育苗。在地势高燥、通风良好的地方建造育苗床。大拱棚内育苗的，保留顶部薄膜，周围大通风，并适当遮阳；也可搭遮荫棚育苗，即将苗床做成半高畦，在高畦上搭好竹竿拱架，架高 0.8～1 米，只在顶部覆盖塑料薄膜或遮阳网。催芽播种，每个营养钵中播 1 粒发芽的种子，盖土厚 1～1.5 厘米。苗期温度高，幼苗易徒长，应注意加强通风。苗期要喷药防治蚜虫 2～3 次，对苗床周围的作物及杂草也要喷药，以消灭虫源。育苗过程中，在中午前后阳光较强时进行遮阳。发生猝倒病时，用 50% 敌磺钠粉剂 500～700 倍液灌根，还可喷洒 75% 百菌清可湿性粉剂 600～800 倍液预防病害发生。

（3）**定植** 定植前 10 天，整地施肥。结合整地每亩施用腐熟优质农家肥 4 000～5 000 千克、腐熟鸡粪 2 000 千克、过磷酸钙 50 千克、三元复合肥 150 千克。按小行距 60～70 厘米、大行距 80～90 厘米的不等行距做成马鞍形垄。于垄底每亩施多菌灵 1.5 千克，进行土壤消毒。播种后 20～25 天，秧苗 2 叶 1 心时，小苗定植。选择阴天或晴天下午定植，即按株距 45～55 厘米栽好苗，整个大拱棚浇水。每亩栽植 1 600～2 000 株。

（4）**田间管理**

①**环境调节** 定植后白天温度保持在 28～30℃，以利缓苗生长，缓苗后白天温度保持在 25℃ 左右。9 月下旬天气转凉时，结瓜期白天应保持较高的温度，为 27～30℃，夜间温度维持在 18℃ 以上。10 月底至 11 月初，天气转凉，并时有寒流侵袭，当夜间温度达不到 13℃ 时，应加强覆盖，在棚底部围盖草苫，防止果实受冻，夜间最低温不低于 5℃。进入秋末冬初，应采取措施改善棚室内的光照条件，如清除塑料薄膜表面灰尘、碎草等。

②**肥水管理** 定植缓苗后，根据土壤墒情，在伸蔓期追施一次速效氮肥，可每亩施尿素 10～15 千克、磷酸二铵 10～15 千克，随即浇水。当幼瓜鸡蛋大小时，进入膨瓜期，可每亩追施硫酸钾 10 千克、磷酸二铵 15～20 千克，随水冲施。除施用速效化肥外，也可在膨瓜期随水冲施腐熟的鸡粪、豆饼等，每亩施 250 千克。果实坐住后，可叶面喷施 0.3% 磷酸二氢钾溶液。生长初期至开花前，适当控制水分，防止茎叶徒长。膨瓜期水分要

充足，果实将近成熟时要控制水分，以免影响品质。

③整枝、授粉、留瓜　采用单蔓整枝，每蔓留 1～2 个瓜。小果型品种，每株留 2 个瓜，大果型品种每株留 1 个瓜。留瓜节位在 10～14 节。开花期需进行人工授粉，授粉时间为上午 8～10 时。

（5）**收获**　应根据授粉日期推算果实的成熟度，同时应根据果皮网纹的有无、香气变化、皮色变化等来判断采收适期。采收宜在清晨进行，采瓜时，多将果柄带秧叶剪成"T"字形，可延长货架期，采后存放在阴凉场所。

（6）**病虫害防治**　秋茬甜瓜主要病虫害有病毒病、疫病、白粉病、蚜虫等。

①病毒病　播种前用 10% 磷酸三钠浸种消毒；整枝打杈；增施磷、钾肥；苗床及其周围要定期喷洒治蚜药剂；育苗阶段用银灰色遮阳网育苗，可减少蚜虫危害，也可减轻病毒病危害。

②疫病　可选用 58% 甲霜灵·锰锌可湿性粉剂 600～800 倍液，或 69% 烯酰吗啉·锰锌可湿性粉剂 800 倍液，或 52.5% 噁唑菌酮·霜脲氰水分散粒剂 2 000 倍液喷雾防治。

③白粉病　可选用 25% 三唑酮可湿性粉剂 2 000 倍液或 40% 氟硅唑乳油 8 000～10 000 倍液喷雾防治。

④蚜虫　可采用黄色粘虫板诱杀蚜虫，也可以用 10% 吡虫啉可湿性粉剂 4 000～6 000 倍液或 2.5% 联苯菊酯可湿性粉剂 2 000 倍液或 2.5% 氯氟氰菊酯乳油 2 000 倍液喷雾防治。

模式十　大拱棚春黄瓜—夏番茄—秋芸豆 高效栽培模式

（一）种植茬口安排

1. 春黄瓜

12 月中下旬育苗；翌年 2 月上中旬定植，6 月下旬拉秧。

2. 夏 番 茄

翌年 6 月上旬育苗，6 月下旬至 7 月上旬定植，11 月中下旬
拉秧。

3. 秋 芸 豆

翌年 8 月上中旬直播，采收至 11 月中下旬。

（二）栽培管理技术

1. 春 黄 瓜

（1）品种选择 选用耐低温弱光、抗病性强、早熟丰产、品
质优良的品种，如津优 35 号、博耐 3 号、博美 501、津优 10 号、
中农 15 号、新泰密刺等。

（2）育苗 春黄瓜采用嫁接苗，嫁接砧木多选用黑籽南
瓜，于日光温室中播种育苗，用靠接法嫁接，每亩黄瓜用种量为
100～150 克。

①浸种催芽 播种前 1～3 天进行晒种，晒种后将种子置
于 55℃的温水中烫种 10～15 分钟，并不断搅拌至水温降到
30～35℃，将种子反复搓洗，并用清水洗净，再在清水中浸泡 4
小时左右，将浸泡好的种子用洁净的湿布包好，放在 28～32℃
的条件下催芽 1～2 天，待种子 80% 露白时播种。砧木种子处理
与黄瓜种子处理一样，但浸泡时间延长至 6～8 小时。

②营养土配制 可购买黄瓜专用育苗基质或自行配制，如
草炭：蛭石：珍珠岩＝3：1：1 或牛粪：菇渣：草炭：蛭石＝
2：2：4：2。

③播种管理 早春季节播种应在定植期前 35～40 天进行，
且砧木比黄瓜晚播种 7～10 天。将相对含水量在 30%～40% 的
基质均匀填装至 50 孔穴盘，用刮板刮去穴格上多余基质，按压
约 1 厘米深的播种穴。播种后覆盖 1～1.5 厘米厚的湿润育苗基
质或湿沙。播后淋透水、覆膜。当出苗率达到 60% 时揭除地膜。
苗出齐后，可通过揭膜或盖膜调节苗床温度，白天控制在 25℃

左右、夜间维持在 15～20℃，注意夜间温度不宜过高，否则易形成高脚苗。待黄瓜植株高 7～10 厘米，砧木南瓜子叶展开，真叶长至 0.5 厘米时，进行嫁接。

④嫁接管理　常采用靠接法。用竹签等挖掉南瓜苗的生长点，再用刀片在南瓜幼苗上部距子叶约 1.5 厘米处向下斜切 1 个 35 度左右的口，深度为茎粗的 2/3 左右，再用刀片将黄瓜苗上部距子叶约 1.5 厘米处向上斜切 1 个 35 度左右的口，深度也是茎粗的 2/3 左右。瓜苗切好后随即把黄瓜苗和黑籽南瓜苗的切面对齐插好，使切口内不留空隙，用塑料夹子固定好。嫁接后 1～3 天，晴天全天遮光，白天温度保持在 25～28℃、夜间不低于 20℃，空气相对湿度在 95% 以上。4～5 天后可逐渐减少遮阴时间，适当增加光照，揭开小拱棚顶部以少量通风，空气相对湿度保持在 80% 以上。5～7 天以后可逐渐通风，不再遮阴。7～10 天后，生长点不萎蔫、心叶开始生长时即可转入正常管理。定植前 7 天温度保持在白天 20～23℃、夜间 10～12℃以炼苗。

（3）定植　定植前，棚内要施足基肥，每亩施腐熟农家肥 5 000 千克、三元复合肥 50 千克。肥料均匀撒施在棚内，用旋耕机翻匀，按大行距 60～65 厘米、小行距 35～40 厘米做畦，覆盖地膜，将畦面和畦沟均覆盖，接缝留在畦沟处，以提高地温。2 月上中旬，黄瓜幼苗植株高 10～12 厘米、4～5 片真叶时定植。定植后加盖小拱棚，大拱棚内用塑料膜拉起二层幕。每亩保苗 2 500 株左右。

（4）田间管理

①温度管理　定植后 5～7 天内不通风，促进缓苗，白天温度 28～30℃，夜温不低于 18℃。缓苗后采用 4 段变温管理：8～14 时，25～30℃；14～17 时，20～25℃；17～0 时，15～20℃；0 时至日出，10～15℃。地温保持在 15～25℃。缓苗后可适当通风，白天温度不超过 30℃，夜温不低于 12℃。定植后 10～15 天，幼苗进入蹲苗期，白天温度 25～30℃，晴天

中午温度超过 30℃时，加大放风量，当棚温降至 25℃时，关闭风口；夜间温度 10～15℃，早晨揭帘前维持在 10℃，加大昼夜温差，控制地上部的生长。结瓜期白天温度 25～28℃，夜间 15℃左右。

②肥水管理　黄瓜的适宜土壤含水量：苗期 60%～70%，成株期 80%～90%。适宜相对空气湿度：缓苗期 80%～90%，开花结瓜期 70%～85%。为了防控病害，尽量保持叶片不结露，无水滴。定植时浇小水，定植后 3～5 天浇缓苗水，根瓜坐住后，结束蹲苗，浇水追肥。追肥应遵循"薄肥勤施"的原则。初瓜期后要补充肥水，保证茎蔓生长的同时，促进瓜条生长，可每隔 10 天左右浇 1 次水，初果期一水一肥，随水冲施肥料，每亩施肥 15～20 千克。当有 70%～80% 的根瓜达到 10～15 厘米时，适合浇根瓜水促生长。生长后期，可采用叶面喷肥，喷施 0.2% 磷酸二氢钾、0.5% 尿素，延缓叶片老化。

③植株调整　黄瓜植株高 25 厘米以上、有 6～7 片叶时，选择在晴天的上午吊蔓。吊绳最好采用具有驱蚜作用的银灰色塑料绳。采取除掉黄瓜茎蔓上的卷须、第一瓜以下的侧蔓和打老叶等措施，调整黄瓜的叶面积和空间分布，改善通风透光条件，促进瓜秧顺利生长，减少不必要的养分消耗，保证果实所需养分，提高黄瓜商品品质。当主蔓长到 25 片叶时摘心，促生回头瓜，根瓜要采摘以免坠秧。侧蔓长瓜后留 1 叶摘心。若出现花打顶时，可采取闷尖摘心，促生回头瓜。疏掉弯瓜、病瓜和多余的小瓜。待下部瓜陆续采摘，植株高度达到人不易操作时，要开始落蔓。落蔓前，必须把下部的老叶、病叶全部打掉，解开瓜蔓，在近地面盘绕成圆形，同时留 8～10 叶的瓜蔓继续向上缠绕，形成新的结瓜主蔓。这样的落蔓至少要 3～5 次，可有效延长黄瓜生育期。

（5）**收获**　根瓜要及早采收。在黄瓜开花后 8～12 天，黄瓜长 25～30 厘米、粗 2.5～3 厘米，瓜条顺直，表面颜色由暗绿变为鲜绿且有光泽，花瓣不脱落时为最佳采收期，同时利于植株上部开花坐果。结果盛期每 1～2 天要采收 1 次，在清晨进行，以保持瓜条鲜嫩，提高商品率。根瓜要早摘，腰瓜要及时摘，瓜秧弱的要摘小瓜、嫩瓜，瓜秧旺的适当早摘，调整植株长势，促丰产。

（6）病虫害防治　大拱棚春黄瓜的主要病害有霜霉病、细菌性角斑病、白粉病和枯萎病等，虫害有蚜虫、白粉虱、美洲斑潜蝇等。

①霜霉病　可用 72.2% 霜霉威水剂 600～800 倍液，或 72% 霜脲·锰锌可湿性粉剂 800 倍液，或 50% 琥铜·甲霜灵可湿性粉剂 500 倍液喷雾防治。

②细菌性角斑病　可用 2% 春雷霉素水剂 500 倍液，或 50% 琥胶肥酸铜可湿性粉剂 400～500 倍液，或 77% 氢氧化铜可湿性粉剂 500 倍液喷雾防治。

③白粉病　可用 15% 三唑酮可湿性粉剂 1 500 倍液，或 2% 抗霉菌素水剂 200 倍液，或 70% 甲基硫菌灵可湿性粉剂 1 000 倍液，或 50% 硫磺胶悬剂 300 倍液等药剂喷雾防治。

④枯萎病　可用 75% 百菌清可湿性粉剂 600 倍液或 70% 代森锰锌可湿性粉剂 500 倍液喷雾防治，也可用毛笔蘸取 70% 甲基硫菌灵 50 倍液或 40% 氟硅唑 4 000 倍液涂抹病部防治。

⑤蚜虫和白粉虱　可用 10% 吡虫啉可湿性粉剂 1 500 倍液，或 2.5% 三氟氯氰菊酯乳油 4 000 倍液，或 3% 啶虫脒乳油 1 000～1 250 倍液喷雾防治。

⑥美洲斑潜蝇　可用 1.8% 阿维菌素乳油 3 000 倍液或 30% 灭蝇胺可湿性粉剂 1 500 倍液喷雾防治。

2. 夏　番　茄

（1）品种选择　该茬番茄苗期处于高温多雨季节，宜选用较耐强光、耐高温、高抗病毒病的高产优质品种，如毛粉 802、中蔬四号、百灵、格雷、宝丽、金棚 10 号、欧冠等。

（2）育　苗

①基质配制　配制的基质要疏松透气、肥沃均匀、酸碱适中、不含虫卵。常用配方有草炭：珍珠岩：蛭石＝6：3：1、草炭：牛粪：蛭石＝1：1：1，夏季育苗可减少珍珠岩的用量，保持水分。配制过程中采用福尔马林300～500倍液或50%多菌灵可湿性粉剂进行基质灭菌消毒，添施三元复合肥（N：P_2O_5：K_2O＝15：15：15）1～1.5千克/米^3。

播种前1天进行基质装盘。配好的基质（含水量60%）用硬质刮板轻刮到苗盘上，以填满为宜，将多余的基质用刮板刮去，至穴盘格清晰可见，穴盘基质忌压实、忌中空。当天装不完的基质，第二天需上下翻一遍，保证装盘的基质土干湿度基本保持一致。装好营养土的苗盘上下对齐重叠5～10层，用地膜覆盖保持湿度，便于次日点种时压窝。压窝深度不宜超过1.5厘米，适宜深度为0.5厘米，每次压窝用力要均匀，深浅一致。过深不利于出苗，过浅容易戴帽出苗。

②种子处理　种子放入50～55℃热水中不停地搅拌至降到常温，再浸种8～12小时；或用0.2%高锰酸钾溶液浸种15～20分钟后，再用清水反复冲洗；或先将种子用清水浸泡1～2小时，再用10%磷酸三钠溶液或50%多菌灵可湿性粉剂200倍液浸种20～30分钟，用清水反复冲洗后催芽。将种子在28～30℃恒温下催芽，3～4天后开始发芽，适当的变温处理可明显提高出芽整齐度。方法：每天保证在30℃条件下16小时、20℃条件下8小时，催芽过程中每天用清水投洗1次。70%种子露白时即可播种。

③播种管理　采取人工或机械点播，播后覆基质、浇水，浇水程度以水渗至孔穴的2/3为宜。播种后遮阴，3～4天苗刚出齐后，去除遮盖物，覆盖防虫网。为防止徒长，管理上以控为主，浇水以小水为主。根据秧苗长势，当稍有徒长时，每间隔5～7天喷助壮素1～2次。定植前不必追肥。定植前2～3天停止浇

水。播种至苗齐，白天温度 25～30℃，夜温 12～18℃；苗齐至分苗，白天温度 20～25℃，夜温 14～16℃；分苗至定植，白天温度 20～25℃，夜温 10～15℃。注意出现高温时必须通风。

（3）**定植** 前茬黄瓜收获后，深耕翻地。由于前茬已施足有机肥，因此每亩施入三元复合肥 50～60 千克后起垄。垄宽 120 厘米，其中沟宽 40 厘米，垄高 15～20 厘米。番茄苗龄 28～32 天，3 叶 1 心，苗高 16～22 厘米时定植。可先起垄覆膜再浇水栽植，也可栽植后灌水缓苗再覆膜。栽植同期固定好吊绳。此茬番茄采取大小行定植，小行距 45～55 厘米，大行距 60～70 厘米，株距 33～38 厘米。定植后浇足缓苗水。

（4）**田间管理**

①温度管理 定植后至缓苗期要适当提高棚温，白天超过 30℃时放风。缓苗后棚温超过 28℃时放风。当外界最低气温稳定在 12℃以上时，可昼夜通风，防止出现超过 35℃的高温。

②肥水管理 定植后土壤湿度维持在田间最大持水量的 70%～80%。缓苗后随气温升高逐渐增加浇水量，依土质条件，每隔 4～7 天浇 1 次水。浇水宜在清早进行，起垄栽培的在傍晚进行浇水。第一穗果膨大前即第二花序开花前，适当控制浇水，防止徒长。为防止气温过高幼苗徒长，可于第一次追肥后喷洒多效唑，但要严格注意使用浓度。待第一花序坐住果并开始膨大时，结合浇水施肥，以后每穗果追肥 1 次或每隔 10 天追 1 次肥，每亩每次追水溶肥 8～10 千克或三元复合肥 15～20 千克，同时注意施入适量钙、镁、硼、锌、钼等营养元素，可采取叶面喷施等方式施入。进入持续结果期后，加强肥水管理。该茬番茄前期果实成熟速度快，因此要适时早采收，利于植株继续坐果，提高产量。

③整枝打杈 采取单干 5 穗果整枝和吊绳落蔓的方法，棚两侧较低处可采取双干 4 穗果整枝。摘除无用侧枝、多余的花、病残底叶和畸形果。留果 5 穗，每穗留 4～5 个长势均匀的果，留

足计划果穗后，顶部留 2 片叶打顶摘心。将蔓按垄下放接地后，再重新换绳吊蔓。落蔓应在午后进行。

④保花保果　夏季气温过高，导致花的授粉受精能力较弱，常常造成大量的落花落果。可在盛花期用 15～20 毫克 / 千克 2, 4–D，或 20～30 毫克 / 千克番茄灵，或 25～30 毫克 / 升坐果灵（主要成分为 2, 4–D 和叶面肥）蘸花或花柄，提高坐果率。

⑤疏花疏果　开花时，每穗选留 6～7 朵壮花，其余疏掉。坐果后，如坐果偏多时，去掉第一个果、末尾小果及畸形果，选留 4～5 个好果。光照强的位置和壮秧可多留果，反之少留果。

（5）收获　番茄果实转色时陆续采收。

（6）病虫害防治　夏番茄主要病害有苗期立枯病、猝倒病、茎腐病，生长期病毒病、脐腐病和晚疫病等；虫害有蚜虫、白粉虱、烟青虫等。

①立枯病、猝倒病　可用 75% 百菌清可湿性粉剂 600～800 倍液，或 20% 甲基立枯磷乳油 1 000～1 200 倍液，或 50% 异菌脲可湿性粉剂 1 000～1 500 倍液防治。

②茎腐病　可用 50% 异菌脲可湿性粉剂 1 200～1 500 倍液，或 2% 春雷霉素水剂 500 倍液和 72% 霜脲·锰锌可湿性粉剂 800 倍液混合液等防治。

③病毒病　发病初期可用 20% 盐酸吗啉胍·乙酸铜可湿性病粉剂 500 倍液或 1.5% 烷醇·硫酸铜乳油 1 000 倍液均匀喷雾防治。

④脐腐病　可在番茄坐果后 1 个月内，喷洒 1% 过磷酸钙溶液或 0.5% 氯化钙＋5～10 毫克 / 千克萘乙酸溶液预防，每 15 天喷 1 次，连喷 2 次。

⑤晚疫病　可用 40% 乙霜灵可湿性粉剂 250 倍液或 58% 甲霜灵·锰锌可湿性粉剂 500 倍液喷雾防治。

⑥蚜虫　可喷洒 50% 灭蚜松乳油 2 500 倍液，或 20% 氰戊菊酯乳油 2 000 倍液，或 50% 抗蚜威可湿性粉剂 2 000～3 000 倍

液，或 10% 吡虫啉可湿性粉剂 4 000～5 000 倍液防治。

⑦白粉虱　可用 10% 噻嗪酮乳油 1 000 倍液，或 25% 哒螨灵乳油 1 000 倍液，或 10% 吡虫啉可湿性粉剂 4 000～5 000 倍液喷雾防治。

⑧烟青虫　可用 2.5% 氟氰菊酯乳油 1 000 倍液喷雾防治。

3. 秋 芸 豆

（1）品种选择　芸豆的种类主要有大白芸豆、大黑花芸豆、黄芸豆、红芸豆等，其中以大白芸豆和大黑花芸豆最为著名。秋茬套种芸豆可选择密集的矮生性丰产优质品种，如供给者、新西兰 3 号、优胜者。

（2）播种　播种前 10～15 天要进行晒种和选种，晒 2～3 天，以提高发芽率。放入 25～30℃的温水中，浸泡 12 小时左右，捞出进行催芽。在棚室内用湿土催芽，当种芽约 1.5 厘米时，于番茄行间按株距 30 厘米开穴，浇小水后点播。播种量依据种子大小而定，一般为 5 千克/亩左右，播种深度以 3～4 厘米为宜。播种后要镇压，可使种子与土壤紧密接触。

（3）田间管理

①温度管理　芸豆生长期适宜温度为 15～25℃，其中苗期保证白天温度不高于 32℃，夜间不高于 18℃，防止形成高脚苗；开花结荚期适宜温度为 20～25℃，应避免出现低于 10℃和高于 30℃的温度，以免温度过高或过低造成落花。

②肥水管理　播种时浇透水，至芸豆开花前不再施肥水。若土壤过干或植株长势较弱，可在开花前浇 1 次小水，并追施提苗肥，用速效性氮肥 5～10 千克/亩。坐荚后，需要大量的水分和养分，待幼荚长 3～4 厘米时开始浇水，结荚 1 周左右浇 1 次水，使土壤相对湿度保持在 60%～70%。结荚期为重点追肥时期。第一批芸豆坐住荚后，每亩随水冲施硫酸钾复合肥 10 千克，同时配合生物菌肥或腐殖酸肥以利于生根养根。如果棚内过于干旱，也可以在开花前轻浇小水，防止因干旱造成落花。注意浇水

量一定不要太大，以免造成落花。当植株上的嫩荚长 5～8 厘米时，结合浇水进行第二次追肥，施三元复合肥 10～15 千克 / 亩。以后每采收 1 茬追肥 1 次，施三元复合肥 10 千克 / 亩。

（4）**收获**　矮生芸豆播种后 50～60 天开始采收，收获期 30 天左右。嫩荚采收在花后 10～15 天，采收过早，产量低；采收过晚，嫩荚易老化。结荚前期，每 2～4 天采收 1 次，结荚盛期每 1～2 天采收 1 次。供速冻保鲜或罐藏加工的，可在开花后 5～6 天采收。收获干豆粒的，可在整株叶片全部枯黄并有 2/3 叶片脱落时，每天上午人工手拔，再用普通大豆脱粒机脱粒。晾晒 1～2 天，注意不能强光暴晒，自然风干后入仓。

（5）**病虫害防治**　芸豆主要病害为根腐病、炭疽病、锈病、灰霉病等，虫害为菜青虫、蚜虫、潜叶蝇、豆荚螟等。

①根腐病　可用 70% 甲基硫菌灵可湿性粉剂 1 000 倍液，或 50% 复方苯菌灵可湿性粉剂 800 倍液，或 20% 二氯异氰尿酸钠可溶性粉剂 400～600 倍液，或 54.5% 噁霉·福可湿性粉剂 700 倍液灌根防治。

②炭疽病　可用 80% 福·福锌可湿性粉剂 600 倍液或 70% 甲基硫菌灵可湿性粉剂 600 倍液喷施防治。

③锈病　发病初期可用 15% 三唑酮可湿性粉剂 1 500 倍液或 10% 苯醚甲环唑水分散粒剂 2 000 倍液喷施防治。

④菜青虫　可用 1.8% 阿维菌素乳油 3 000～4 000 倍液或 2.5% 高效氯氟氰菊酯乳油 3 000 倍液喷施防治。

⑤蚜虫　可用 10% 吡虫啉可湿性粉剂 3 000 倍液，或 50% 抗蚜威可湿性粉剂 2 000 倍液，或 70% 灭蚜松可湿性粉剂 1 000 倍液喷雾防治。

⑥潜叶蝇　可用 1.8% 阿维菌素乳油 3 000～4 000 倍液，或 20% 氰戊菊酯乳油 3 000 倍液，或 25% 灭幼脲悬浮剂 2 000 倍液，或 50% 环丙氨嗪可湿性粉剂 1 000～2 000 倍液喷雾防治。

⑦豆荚螟　可用 10% 氯氰菊酯乳油 5 000 倍液，或 25% 灭

幼脲悬浮剂1 500倍液，或20%氰戊菊酯乳油2 000倍液，或2.5%溴氰菊酯乳油2 000倍液，或5%氟啶脲乳油2 000倍液等喷施防治。

模式十一　大拱棚冬春白菜—春夏甜瓜—夏秋青蒜苗高效栽培模式

（一）种植茬口安排

1. 冬春白菜

11月下旬播种育苗；翌年1月初定植，3月上中旬收获。

2. 春夏甜瓜

翌年2月下旬播种育苗，4月上旬定植，6月中下旬采收。

3. 夏秋青蒜苗

翌年7月下旬播种，11月下旬开始采收。

（二）栽培管理技术

1. 冬春白菜

（1）**品种选择**　选择抗病、抗寒、耐抽薹、丰产、商品性好的品种，如菊锦等。

（2）**育苗**　采用大拱棚进行保温育苗，白天温度20～25℃，夜间以15℃为宜。大白菜在10℃以下，经过10～30天，就可以通过春化而抽薹开花，要确保育苗期间苗床最低温度在13℃以上，超过25℃时要通风降温。

（3）**定植**　选择排灌良好，土层深厚、肥沃、疏松的中性土壤。定植前将前茬作物清除干净，每亩施用优质腐熟的秸秆发酵肥10立方米或有机肥3 000～4 000千克、复合肥20～25千克作基肥。当棚内气温稳定在6℃以上时定植，行株距为60厘米×40厘米。定植时，剔除无心叶的畸形苗，每穴栽1株壮苗，栽植深度以埋至第一片真叶下方为宜。栽后浇水封掩，经5～6天可缓苗。在棚内离棚膜30厘米处加一层"二膜"，在白菜畦上扣小拱棚，在小拱棚上再扣一个中拱棚，共4层膜覆盖。

（4）**栽培管理**

①温度管理　由于定植时温度较低，定植后以保温为主。5～6天缓苗后当温度超过25℃时适当降温。白天温度控制在22～25℃，夜间温度保持在10℃以上，以免引起抽薹开花。进入3月注意通风降温，白天温度控制在26℃以下，以防温度过高影响白菜包心。

②肥水管理　定植后至缓苗期以蹲苗为主，促进根系生长。进入包心期之后做到肥水齐攻，视天气情况每8～10天浇1次水，并随水冲施复合肥15千克/亩，切忌大水漫灌。随着外界气温转暖注意放风，以防高温高湿诱发病害。

（5）**获收**　包心达七成时开始陆续收获，待叶球抱紧充实后（3月中旬）收获完毕。

（6）**病虫害防治**　冬春白菜主要病害有霜霉病、软腐病、根肿病、干烧心等，主要虫害有蚜虫、菜青虫、小菜蛾、甜菜夜蛾等。按照"预防为主，综合防治"的植保方针，坚持以"农业防治、物理防治、生物防治为主，化学防治为辅"的防治原则。

①农业防治　选用抗病、抗逆品种；定植时采用高垄或高畦栽培，并通过放风、地面覆盖等措施，控制各生育期的温湿度，减少或避免病害发生；增施充分腐熟的有机肥，减少化肥用量；清除前茬作物残株，降低病虫基数；拔出病株，并集中进行无害化处理。

②物理防治　在大拱棚门口和放风口设置40目以上的银灰色防虫网，同时棚内悬挂规格为25厘米×40厘米的黄色粘虫板诱杀蚜虫、粉虱等害虫，每亩悬挂30～40块，悬挂高度与植株顶部持平或高出10厘米。

③生物防治　可用2%宁南霉素水剂200～250倍液预防病

毒病，用 0.5% 印楝素乳油 600～800 倍液喷雾防治蚜虫、粉虱等。

④化学防治　可用 25% 嘧菌酯悬浮剂 1 500 倍液，或 68.5% 氟吡菌胺·霜霉威盐酸悬浮液 1 000～1 500 倍液，或 52.5% 噁酮·霜脲氰水分散粒剂 2 000 倍液喷雾防治霜霉病。用 72% 新植霉素可湿性粉剂 4 000 倍液喷雾防治软腐病。根肿病可于定植前在垄（畦）面撒施五氯硝基苯 1.5～3 千克 / 亩，也可用 75% 五氯硝基苯可湿性粉剂 700～1 000 倍液于移植前每穴浇 0.25～0.5 千克，或在田间发现少量病株时用药液浇灌。干烧心可在莲座期和结球期喷洒 0.7% 氯化钙和 2 000 倍萘乙酸混合液，或 0.2% 氯化钙溶液，或 0.7% 硫酸锰溶液防治，每隔 7～10 天喷 1 次。

蚜虫可用 25% 噻虫嗪水分散粒剂 2 500～3 000 倍液，或 10% 吡虫啉可湿性粉剂 1 000 倍液，或 25% 噻嗪酮可湿性粉剂 1 500 倍液喷雾防治，也可用 30% 吡虫啉烟剂或 20% 异丙威烟剂熏杀。菜青虫、小菜蛾、甜菜夜蛾等可用 2.5% 多杀霉素悬浮剂 1 000～1 500 倍液或 20% 虫酰肼悬浮剂 1 000～1 500 倍液喷雾防治。

2. 春夏甜瓜

（1）**品种选择**　选择抗病、耐热、优质、高产、适合市场需求的品种，如鲁厚甜 1 号、绿青蜜等。

（2）**育苗**　选用工厂集约化商品嫁接苗。

（3）**定植**　定植前将大拱棚前茬作物清除干净，密闭大拱棚，每亩用 200 克百菌清、二甲菌核利等烟剂熏烟以杀菌消毒。每亩撒施优质腐熟粪肥 8 立方米、硫酸钾复合肥 30 千克、豆饼 150 千克，基肥一半撒匀后深翻 40 厘米耙细整平，另一半撒在瓜沟内。耙平后起垄，垄顶宽 15～20 厘米，垄高 20～25 厘米，大行距 80 厘米，小行距 60 厘米，株距 45 厘米。4 月上旬定植，栽植深度以埋至子叶下方为宜，浇透定植水，悬挂黄色或蓝色粘虫板，地膜采用银黑双色地膜，铺设水肥一体化管道。

（4）**田间管理**

①温光管理　刚定植的秧苗，如果光照强或定植时散坨，秧

苗容易萎蔫，可在中午前后进行遮阴。缓苗后开始通风，白天温度不超过 32℃，夜温 15℃左右。甜瓜进入开花结果期，白天温度 28～32℃，夜温 15～18℃。厚皮甜瓜要求较强的光照，注意保持棚膜的洁净。

②肥水管理　大拱棚甜瓜适宜空气湿度：白天维持在 55%～65%，夜间维持在 75%～85%。要合理浇水，选择晴天浇水，严格控制浇水量，浇水后适当放风。晴暖天气适当晚关通风口，加大空气流通。若遇阴雨天，既要防止雨水落入棚内增加湿度，又要按时通风换气。当幼瓜长到鸡蛋大小时进行 1 次追肥，以磷钾肥为主，每亩追施 30 千克螯合态肥，以后保持土壤湿润，防止忽干忽湿，以免引起裂瓜。果实膨大期喷施叶面肥，每 7～8 天喷施 1 次磷酸二氢钾或宝利丰。

③整枝　采取单蔓整枝，当瓜秧长至约 30 厘米时吊蔓，在主蔓 10～14 节长出的子蔓上坐瓜，当主蔓长到 25～30 片叶时打顶，将植株长出的其他子蔓全部抹去。

④人工授粉　甜瓜人工授粉宜在上午 8～10 时进行。授粉时选择当天的雄花和雌花，把雄花去掉花瓣，向雌花的柱头轻轻涂抹，1 朵雄花可授 3～4 朵雌花。

⑤留瓜、吊瓜　当瓜长到鸡蛋大小时留瓜，每株留 1 个瓜。瓜长到 0.5 千克前应吊瓜。

（5）**收获**　在甜瓜果实成熟后收获，也可根据市场行情适当缩短或延长收获期。

（6）**病虫害防治**　春夏大拱棚甜瓜主要病害有病毒病、炭疽病、白粉病、疫病、蔓枯病、枯萎病等，常见虫害有蚜虫、红蜘蛛、烟粉虱、瓜绢螟、美洲斑潜蝇等。

①农业防治　根据当地主要病虫害发生情况及重茬种植情况，有针对性地选用抗病、耐热品种；定植时采用高垄或高畦栽培，并通过控制各生育期的温湿度，减少或避免病害发生；增施充分腐熟的有机肥，减少化肥用量；清除前茬作物残株，降低病

虫基数；摘除病叶，并集中进行无害化处理。

②物理防治　棚内悬挂黄色、蓝色粘虫板诱杀粉虱、蓟马等害虫，规格为25厘米×40厘米，每亩悬挂30～40块；在大拱棚门口和放风口设置40目以上的银灰色防虫网。

③生物防治　可用2%宁南霉素水剂200～250倍液预防病毒病，用0.5%印楝素乳油600～800倍液喷雾防治蚜虫、白粉虱。

④化学防治　可用50%甲基硫菌灵可湿性粉剂500倍液，或25%嘧菌酯悬浮剂1500倍液，或75%百菌清可湿性粉剂800倍液，或50%多菌灵可湿性粉剂500倍液防治蔓枯病。可用25%嘧菌酯悬浮剂1500倍液，或68.5%氟吡菌胺·霜霉威盐酸悬浮液1000～1500倍液，或52.5%噁酮·霜脲氰水分散粒剂2000倍液喷雾防治霜霉病。白粉病可用10%苯醚甲环唑水分散粒剂2000～3000倍液，或43%戊唑醇悬浮剂3000～4000倍液，或40%氟硅唑乳油6000～8000倍液，或25%嘧菌酯水分散粒剂1500～2000倍液防治。炭疽病可用70%甲基硫菌灵可湿性粉剂1000倍液或50%多菌灵可湿性粉800倍液喷雾防治。疫病发生初期，可用18.7%烯酰·吡唑酯水分散粒剂600～800倍液，或72%霜脲·锰锌可湿性粉剂600～800倍液，或60%吡唑醚菌酯·代森联水分散粒剂1000～1500倍液喷雾防治。

蚜虫、白粉虱、美洲斑潜蝇可用25%噻虫嗪水分散粒剂2500～3000倍液，或10%吡虫啉可湿性粉剂1000倍液，或25%噻嗪酮可湿性粉剂1500倍液喷雾防治；也可用30%吡虫啉烟剂或20%异丙威烟剂熏杀。

3. 夏秋青蒜苗

（1）**品种选择**　选择耐热、耐寒、抗病、优质、高产、适合市场需求的品种，如临沂早薹、四川早薹等。

（2）**整畦施肥**　前茬甜瓜收获后，清除杂物，并进行闷棚消毒。闷棚结束后，晾晒2～3天，去除有害物质，每亩施腐熟粪肥12立方米，施入后深耕40厘米。在大拱棚内按行距55厘

米开沟，沟两边形成垄，便于以后回填土，可增加青蒜苗白茎的高度。

（3）**播种** 把蒜头的蒜须剪掉，拔掉老梗。种之前用包衣剂进行拌种。在 7 月下旬栽种，栽种前 10 天在棚架上覆盖遮阳网。每亩用种量为 225 千克左右，整头播种，做到上齐下不齐，株距根据蒜瓣数多少按 1 瓣 1 厘米计算，栽种后覆土，厚度为 2 厘米，随栽种随覆土，种完后浇 1 次大水。

（4）**田间管理**

①温光管理 播种时正处于夏季，气温高、光照强，要去除棚膜，覆盖遮阳网进行降温，遮光率在 40%～50%。当外界气温降低时，把遮阳网逐步向上揭直至去掉。当温度低于 20℃时要覆盖棚膜。棚内温度白天 24～26℃，夜间 16～18℃。

②肥水管理 苗期保持土壤湿润，苗出全后适当进行蹲苗，大雨时期注意排水。天气转凉时蒜苗进入生长旺期，要肥水齐攻，保持土壤湿润。选在早晚阴凉时浇水，每 7 天浇 1 次水，每 15 天随浇水追施磷酸二铵 15～20 千克/亩。为增加蒜苗蒜白的长度，可在 10 月对蒜苗进行第二次覆土，覆土以不埋没蒜苗苗心为标准。

（5）**收获** 青蒜苗在 11 月下旬开始收获，也可根据天气和市场情况适当提前或延后采收。采收的方法是一次性连根拔起，洗净泥土杂物后上市。也可以选晴天在离地面 3 厘米处用刀割苗采收，收后加强肥水管理。

（6）**病虫害防治** 蒜苗病害主要有疫病、干腐病、白腐病、菌核病、褪绿条斑病毒病等，虫害主要有斑潜蝇、葱须鳞蛾、蓟马、根蛆和金针虫。

①农业防治 选用抗病、抗逆、适应性强的优良品种，并选择 2 年内未种过百合科蔬菜的田块种植；注意加强苗床管理，培育适龄壮苗，提高抗逆性；清除前茬作物残株，降低病虫基数；增施充分腐熟的有机肥，减少化肥用量；控制各个时期棚内的温

湿度；生长后期拔除病株，并集中进行无害化处理。

②物理防治　棚内悬挂黄色、蓝色粘虫板诱杀蚜虫、斑潜蝇、蓟马等害虫，规格为25厘米×40厘米，每亩悬挂30～40块，悬挂高度与植株顶部持平或高出10厘米。在拱棚门口和放风口设置40目以上的防虫网。

③化学防治　选用2%宁南霉素水剂400倍液拌大蒜种防治白腐病，也可用70%甲基硫菌灵可湿性粉剂或50%多菌灵可湿性粉剂或75%百菌清可湿性粉剂进行预防。可用10%苯醚甲环唑水分散粒剂800～1000倍液防治叶枯病和紫斑病。

用25%高氯·辛硫磷乳油1500倍液灌根防治金针虫。蚜虫、斑潜蝇用25%噻虫嗪水分散粒剂2500～3000倍液，或10%吡虫啉可湿性粉剂1000倍液，或25%噻嗪酮可湿性粉剂1500倍液喷雾防治；也可用30%吡虫啉烟剂或20%异丙威烟剂熏杀。每亩用2.5%敌百虫粉剂1.5～2千克或90%敌百虫晶体800～1000倍液防治根蛆。

模式十二　大拱棚早春白菜—越夏黄瓜／番茄—秋延迟芹菜高效栽培模式

（一）种植茬口安排

1. 早春白菜

12月中旬播种育苗；翌年1月中下旬定植，3月下旬至4月初收获。

2. 越夏黄瓜

翌年4月下旬播种育苗，5月下旬定植，7月上旬开始上市，9月下旬拉秧。

3. 越夏番茄

翌年3月下旬播种育苗，5月上旬定植，7月中旬开始上市，

9 月下旬拉秧。

4. 秋延迟芹菜

翌年 7 月中下旬播种，9 月上旬移栽，11 月下旬采收。

（二）栽培管理技术

1. 早春白菜

（1）品种选择 选择抗病、耐冷、不易抽薹，且优质、高产、适合市场需求的品种，如菊锦、强春、强势、鲁春白 1 号等。

（2）育　苗

①穴盘育苗　基质配方可用草炭：蛭石：珍珠岩＝5：3：1，或发酵牛粪：稻壳：珍珠岩＝2：1：1。将基质消毒后装入 50 孔或 72 孔穴盘中。若采用土壤育苗，应选择 2 年内没有种植过十字花科蔬菜的地块，做成宽 1.2～1.5 米的平畦。播种前先用 10% 磷酸三钠溶液浸种 10 分钟，或用 50% 多菌灵可湿性粉剂 500 倍液浸种 2 小时，或用 300 倍福尔马林溶液浸种 30 分钟，捞出后用清水洗净，待晾干表层水分后播种。

②基质育苗　先将穴盘中的基质浇透水，待水渗下后，将种子点播于穴盘内，每穴播 1 粒，播种深度为 0.5～1 厘米，播后覆盖消过毒的蛭石。采用土壤育苗时，先浇透底水，待水渗下后均匀撒种，覆盖湿润细土 0.5～1 厘米厚，每亩用种量为 100～150 克。播种后白天苗床气温保持在 20～24℃，夜间控制在 15～18℃，2 天即可出苗。幼苗出齐后白天温度控制在 18～22℃，夜间控制在 12～16℃。为了避免幼苗徒长，应控制浇水，保持空气湿度在 60%～80%。幼苗长至 4～5 片叶时，进行大温差炼苗，白天温度 22～25℃、夜间 10～12℃。当幼苗长至株高 20 厘米左右、4～5 片真叶时，选择幼茎粗壮、叶色浓绿、根系发达、无病虫害和机械损伤的壮苗定植。

（3）定植 选择排灌良好，土层深厚、肥沃、疏松的中性土壤。定植前将前茬作物清除干净，密闭温室，每亩用 200 克百菌清、二甲菌核利等烟剂熏烟以杀菌消毒。之后撒施优质腐熟的有机肥 3～5 米³/亩，三元复合肥（$N:P_2O_5:K_2O=15:15:15$）20～30 千克/亩，深翻 25～30 厘米，耙平后起垄（高 20 厘米左右）或做畦。定植行距 50～60 厘米，株距 40 厘米左右。定植时在垄顶划 10 厘米左右浅沟，顺沟浇 50% 多菌灵可湿性粉剂 500 倍液或 50% 苯菌灵可湿性粉剂 800 倍液，药液渗下后按株距放苗，封垄后浇透定植水。栽植深度以埋至第一片真叶下方为宜。

（4）**田间管理**　1—2 月以保温为主，可采用多层薄膜覆盖，且保持棚膜清洁，最外层用透光率 85% 左右的紫色或红色无滴棚膜覆盖。白天温度控制在 20～25℃、夜间 12℃ 以上，以防通过春化和先期抽薹。进入 3 月随着气温升高，可逐渐加大通风量和延长通风时间，白天温度控制在 20～26℃、夜间 12～18℃。春大白菜生长前期气温、地温低，应尽量减少浇水次数。莲座初期结合浇水，每亩施三元复合肥（$N:P_2O_5:K_2O=15:15:15$）15～20 千克。在 3 月每 15 天左右浇 1 次水。团棵时施尿素 15～25 千克/亩；结球后随水冲施三元复合肥（$N:P_2O_5:K_2O=15:15:15$）30～50 千克/亩。每隔 15 天喷施 1 次 0.7% 氯化钙溶液，预防干烧心。

（5）**收获**　包心达七成时开始陆续收获，待叶球抱紧充实后（3 月下旬至 4 月初）收获完毕。

（6）**病虫害防治**　参见"大拱棚冬春白菜—春夏甜瓜—夏秋青蒜苗高效栽培模式"的相关内容。

2. 越夏黄瓜

（1）**品种选择**　选择抗病、耐热、优质、高产、适合市场需求的品种，如博新 68 等。

（2）**育苗**　选用嫁接亲和力强、与接穗共生性好、抗瓜类根部病害的砧木品种嫁接育苗。用草炭、蛭石和珍珠岩按 5:3:1 的比例配制育苗基质，装入 50 孔或 72 孔穴盘。用 10% 磷酸三钠溶液或 0.1% 高锰酸钾溶液或 50% 多菌灵可湿性粉剂 600 倍液浸泡种子 20～30 分钟，洗净后在 55℃温水中浸种 6～8 小时，而后置于白天温度 25～28℃、夜间温度 15～18℃条件下催芽，幼芽露白时播种。砧木出苗速度和幼苗生长速率较快，因此先播接穗，接穗子叶顶土时播砧木。幼苗出齐后控制浇水，以防徒长。喷洒杀菌剂和杀虫剂，预防猝倒病、立枯病和白粉虱、蚜虫等病虫害。幼苗子叶展平后，采用插接法嫁接。嫁接后迅速封闭苗床，白天温度 25～28℃、夜间温度 20～23℃；3 天内不见光，或见弱光，空气湿度保持在 95% 以上。嫁接后 3～5 天，早、晚揭膜通风见光，通风见光量由小到大，时间由短到长，白天温度 25～30℃、夜间温度 16～22℃。7～10 天后嫁接苗不再萎蔫时转入正常管理。

（3）定植　定植前将前茬作物清除干净，密闭大拱棚，每亩用 200 克百菌清、二甲菌核利等烟剂熏烟以杀菌消毒。每亩撒施优质腐熟的有机肥 4～6 立方米、三元复合肥（N：P_2O_5：K_2O＝15：15：15）40～50 千克，深翻 25～30 厘米，耙平后起垄或做畦，垄顶宽 15～20 厘米，垄高 20～25 厘米，大行距 80～100 厘米，小行距 50 厘米，株距 25～28 厘米；畦宽 140 厘米，每畦栽 2 行，株距 25～28 厘米。定植时按株距挖穴，放苗，栽植深度以埋至子叶下方为宜。封垄后浇透定植水。

（4）田间管理

①温光管理　越夏黄瓜田间管理重点是控光降温，尽量加大通风量和延长通风时间，温度控制在白天 35℃以下、夜间 22℃以下，若光照过强，可用遮阳网适当遮阴。

②肥水管理　定植后浇透水，缓苗后控水蹲苗。根瓜采收后结合浇水，每亩施三元复合肥（N：P_2O_5：K_2O＝15：15：15）25～30 千克、有机肥 100 千克。每 10 天左右浇 1 次水，隔 1 次水施 1 次肥，每次施三元复合肥 30～40 千克/亩。

③植株调整　黄瓜开始出现卷须时吊蔓，吊蔓高度以 1.7～

2米为宜，当蔓高超过架顶时落蔓。当有侧枝发生时，应摘除，落蔓后要摘除植株下部的老叶。为了满足营养供应，保证连续结瓜，要人工控制结瓜数，出现1节多瓜时，疏掉多余瓜，调整为叶：瓜＝3：1左右。

（5）**收获** 果实达商品成熟时收获。

（6）**病虫害防治** 越夏黄瓜的主要病害有霜霉病、白粉病、疫病、根腐病等，常见虫害有烟粉虱、白粉虱、美洲斑潜蝇等。

①农业防治 根据当地主要病虫害发生情况及重茬种植情况，有针对性地选用抗病、耐热品种；定植时采用高垄或高畦栽培，并通过控制各生育期的温湿度，减少或避免病害发生；增施充分腐熟的有机肥，减少化肥用量；清除前茬作物残株，降低病虫基数；摘除病叶，并集中进行无害化处理。

②物理防治 棚内悬挂黄色粘虫板诱杀粉虱等害虫，规格为25厘米×40厘米，每亩悬挂30～40块；在大拱棚门口和放风口设置40目以上的银灰色防虫网。

③生物防治 可用2%宁南霉素水剂200～250倍液预防病毒病，用0.5%印楝素乳油600～800倍液喷雾防治蚜虫、白粉虱。

④化学防治 可用25%嘧菌酯悬浮剂1 500倍液，或68.5%氟吡菌胺·霜霉威盐酸悬浮液1 000～1 500倍液，或52.5%噁酮·霜脲氰水分散粒剂2 000倍液喷雾防治霜霉病。白粉病可用10%苯醚甲环唑水分散粒剂2 000～3 000倍液，或43%戊唑醇悬浮剂3 000～4 000倍液，或40%氟硅唑乳油6 000～8 000倍液，或25%嘧菌酯水分散粒剂1 500～2 000倍液防治。疫病发生初期，可用18.7%烯酰·吡唑酯水分散粒剂600～800倍液，或72%霜脲·锰锌可湿性粉剂600～800倍液，或60%吡唑醚菌酯·代森联水分散粒剂1 000～1 500倍液喷雾防治。根腐病发病初期，可用30%噁霉灵水剂3 000～4 000倍液，或60%吡唑醚菌酯水分散粒剂1 000～1 500倍液，或50%甲基硫菌灵可湿

性粉剂 500 倍液灌根防治。

蚜虫、白粉虱、美洲斑潜蝇可用 25% 噻虫嗪水分散粒剂 2 500～3 000 倍液，或 10% 吡虫啉可湿性粉剂 1 000 倍液，或 25% 噻嗪酮可湿性粉剂 1 500 倍液喷雾防治；也可用 30% 吡虫啉烟剂或 20% 异丙威烟剂熏杀。

3. 越夏番茄

（1）**品种选择**　选择抗病、耐热、着色均匀、品质好的品种，如粉宝石 3 号等。

（2）**育苗**　选用 72 孔穴盘育苗，基质配方为草炭：蛭石：珍珠岩＝5：3：1。用 10% 磷酸三钠溶液或 0.1% 高锰酸钾溶液或 50% 多菌灵 600 倍液浸泡种子 20～30 分钟，洗净后在 55℃ 温水中浸种 8～12 小时，在白天温度 25～28℃、夜间温度 15～18℃ 条件下催芽。幼芽露白时，将种子点播入浇透水的穴盘内，上覆 0.5～1 厘米厚的蛭石，播完后覆膜，保持白天温度在 28～30℃、夜间温度在 18～22℃。幼苗大部分出土后撤去地膜，并适当降温，白天温度 20～24℃、夜间温度 12～16℃，同时控制浇水，以防幼苗徒长。喷洒杀菌剂和杀虫剂，预防猝倒病、立枯病和白粉虱、蚜虫等病虫害。

（3）**定植**　定植前将前茬作物清除干净，密闭大拱棚，每亩用 200 克百菌清、二甲菌核利等烟剂熏烟以杀菌消毒。大拱棚通风口用防虫网密封，防止害虫迁入。每亩撒施优质腐熟的有机肥 4～6 立方米、三元复合肥（N：P_2O_5：K_2O＝15：15：15）40～50 千克，深翻 25～30 厘米，耙平后起垄，垄顶宽 15～20 厘米，垄高 20～25 厘米。大行距 80 厘米左右，小行距 60 厘米左右，株距 40～45 厘米。定植时按株距挖穴，放苗，栽植深度以埋至子叶下方为宜。封垄后浇透定植水。

（4）**田间管理**

①温光管理　定植后 3～4 天适当遮阴，保持白天温度在 24～27℃、夜间温度在 12～17℃。发棵期白天温度为 20～

25℃，夜间温度为 14～18℃；进入结果期，应尽量加大通风量和延长通风时间，白天温度控制在 32℃以下，夜间在 22℃以下，若光照过强，可用遮阳网适当遮阴。

②肥水管理　定植后浇透水，缓苗后控水蹲苗。第一穗果坐住后结合浇水，每亩施三元复合肥（N：P_2O_5：K_2O＝15：15：15）30～40 千克。之后每 10～15 天浇 1 次水，隔 1 次水追 1 次肥，每次施三元复合肥 25～30 千克/亩。

③植株调整　当番茄长至 30 厘米左右时开始吊蔓，吊蔓高度以 1.7～2 米为宜。当第一侧枝长至 5～10 厘米时整枝打杈，采用单干整枝法。显大蕾时用 15 毫克/升的番茄灵蘸花或涂抹花柄，刺激子房膨大，保证果实坐稳。每花序只蘸前 5～6 朵花，果实开始膨大后摘除畸形果、僵果，每花序留 4～5 果。摘除老叶，改善通风透光性能，减少病虫危害。

（5）**收获**　长途运输的果实，1/3 果面着色时采收；供应本地市场的果实，2/3 果面着色时采收，粉色果适当早收。

（6）**病虫害防治**　越夏番茄主要病害有病毒病、早疫病、晚疫病、脐腐病等，虫害主要有白粉虱、烟粉虱、美洲斑潜蝇等。

①农业防治　选用高抗病、抗逆品种，注意选择 2 年内未种过茄果类蔬菜的地块种植；清除前茬作物残株，降低病虫基数；摘除病叶、病果，并集中销毁。

②物理防治　棚内悬挂黄色粘虫板诱杀粉虱等害虫，规格为 25 厘米×40 厘米，每亩悬挂 30～40 块。在大拱棚门口和放风口设置 40 目以上的银灰色防虫网。

③生物防治　可用 2% 宁南霉素水剂 200～250 倍液预防病毒病，用 0.5% 印楝素乳油 600～800 倍液喷雾防治蚜虫、白粉虱。

④化学防治　可采用烟熏法或喷雾防治法，注意轮换用药，合理混用。发病初期喷施 20% 盐酸吗啉胍·乙酸铜可湿性粉剂 500 倍液或 1.5% 烷醇·硫酸铜乳剂 1 000 倍液防治病毒病。早

疫病、晚疫病可用 45% 百菌清烟剂 300～350 克／亩熏棚，每 7 天熏 1 次，连熏 3～4 次。疫病发病初期可用 18.7% 烯酰·吡唑酯水分散粒剂 600～800 倍液，或 72% 霜脲·锰锌可湿性粉剂 600～800 倍液，或 60% 吡唑醚菌酯·代森联水分散粒剂 1 000～1 500 倍液喷雾防治。脐腐病可用 0.2% 氯化钙溶液喷洒叶面防治。

白粉虱、烟粉虱、美洲斑潜蝇可用 25% 噻虫嗪水分散粒剂 2 500～3 000 倍液，或 10% 吡虫啉可湿性粉剂 1 000 倍液，或 25% 噻嗪酮可湿性粉剂 1 500 倍液喷雾防治；也可用 30% 吡虫啉烟剂或 20% 异丙威烟剂熏杀。

4. 秋延迟芹菜

（1）品种选择 选择抗病、抗逆、优质、高产、适合市场需求的品种，如美洲西芹、津南实芹 1 号等。

（2）育苗 采用穴盘基质育苗或平畦土壤育苗。

①穴盘基质育苗 基质配方为草炭：蛭石：珍珠岩＝6：3：1，每立方米基质中加入 1 千克复合肥、200 克多菌灵，保证基质含水量达 60%，拌好后用塑料薄膜封闭 7 天左右，装入 72 孔或 105 孔穴盘中。

②平畦土壤育苗 选择地势较高、排灌方便、土壤疏松肥沃的地块，耕深 20～30 厘米，撒施腐熟有机肥 2～3 米^3/亩、三元复合肥（N：P_2O_5：K_2O＝15：15：15）20～25 千克／亩。深翻耙平后做宽 1.2～1.5 米的平畦。

选择隔年的种子，晒种 3～4 小时后在 55℃温水中浸种，水温自然冷却至室温后浸泡 18～24 小时，在 15～20℃下催芽，每天用清水淘洗 1 次，当 50% 以上的种子露白时即可播种。穴盘育苗时，将处理好的种子播在装好基质的穴盘中，72 孔的穴盘每穴播 4～6 粒，105 孔的穴盘每穴播 3～5 粒，播深 1 厘米左右，淋透水，覆盖地膜保湿。平畦土壤育苗时，先将苗床浇透水，待水渗下后均匀撒种，覆土 0.5～1 厘米厚，喷洒 50% 多菌灵可湿性粉剂 500 倍液，用地膜覆盖畦面保湿。

播种后苗床温度保持在白天 20～24℃、夜间 15～18℃，5～7 天可出苗。幼叶拱土后撤去地膜，将温度控制在白天 18～22℃、夜间 12～16℃。苗期保持土壤湿润，空气湿度以 75%～85% 为宜。幼苗长至 2～3 片真叶时间苗，苗距 2～3 厘米，间苗后浇水。株高 10～15 厘米、具 5～6 片叶时，选择叶柄粗壮、叶色浓绿、无病虫害和机械损伤的壮苗定植。

（3）**定植**　前茬收获后清除杂物，每亩撒施优质腐熟的鸡粪 3～5 立方米，深翻 25～30 厘米，耙平后做成 1.2～1.5 米宽的畦。将幼苗拔（刨）出，再将幼苗主根剪断，留 4 厘米左右长，按 15 厘米左右行距开沟，深度为 5～8 厘米，按 10 厘米左右的株距栽苗，之后覆平畦面，浇透水。

（4）**田间管理**

①温度管理　从定植到缓苗，应以促根为主，进行通风，白天温度控制在 26℃以下、夜间 20℃以下，光照过强、温度过高时适当浇水降温。10 月下旬后白天温度控制在 18～24℃、夜间 13～18℃。

②肥水管理　定植后浇透水，缓苗后每隔 7 天左右浇 1 次水，选在早晚阴凉时浇水。缓苗后，结合浇水追施尿素 15 千克 / 亩左右。旺盛生长初期，每亩施三元复合肥 25～30 千克。植株封行后随水冲施尿素 15 千克 / 亩，每隔 10 天左右喷施 1 次磷酸二氢钾叶面肥，共喷 2～3 次，提高芹菜的产量和品质。

（5）**收获**　秋延迟芹菜的全生育期为 90～100 天，当植株高达 60 厘米左右、达到商品菜要求时适时采收。

（6）**病虫害防治**　秋季芹菜的主要病害有软腐病、叶斑病、疫病等，虫害主要有蚜虫、斑潜蝇等。

①农业防治　选用抗病、抗逆、适应性强的优良品种，并选择 2 年内未种过伞形科蔬菜的田块种植。注意加强苗床管理，培育适龄壮苗，提高抗逆性；清除前茬作物残株，降低病虫基数；

增施充分腐熟的有机肥，减少化肥用量；控制各个时期棚内的温湿度；生长后期拔除病株，并集中进行无害化销毁。

②物理防治　棚内悬挂黄色粘虫板诱杀蚜虫、斑潜蝇等害虫，规格为 25 厘米×40 厘米，每亩悬挂 30～40 块，悬挂高度与植株顶部持平或高出 10 厘米。在拱棚门口和放风口设置 40 目以上的防虫网。

③化学防治　软腐病可用14%络氨铜水剂 350 倍液或72%新植霉素可湿性粉剂 4 000 倍液喷雾防治。叶斑病发生初期，可用20% 苯醚甲环唑微乳剂 800～1 000 倍液或 60% 吡唑醚菌酯·代森联水分散粒剂 1 000 倍液喷雾防治。

蚜虫、斑潜蝇等可用25% 噻虫嗪水分散粒剂 2 500～3 000 倍液，或 10% 吡虫啉可湿性粉剂 1 000 倍液，或 25% 噻嗪酮可湿性粉剂 1 500 倍液喷雾防治；也可用 30% 吡虫啉烟剂或 20% 异丙威烟剂熏杀。

模式十三　大拱棚春马铃薯—夏西瓜—秋延迟辣椒高效栽培模式

（一）种植茬口安排

1. 春马铃薯

12 月底至翌年 1 月上旬催芽，1 月底至 2 月上中旬起垄播种，4 月底至 5 月初收获。

2. 夏 西 瓜

翌年 3 月上中旬育苗，4 月中旬定植，5 月下旬至 6 月初采收第一茬瓜，7 月中旬可收获第二茬瓜。

3. 秋延迟辣椒

翌年 7 月上旬播种，8 月中旬定植，11 月上旬收获，12 月上旬收获结束。

（二）栽培管理技术

1. 春马铃薯

（1）品种选择　选用早熟、高产稳产、抗病性强、薯块整齐、商品性较好的品种，如荷兰 7 号、鲁引 1 号、中薯 5 号等脱毒种薯。

（2）播期及播量　利用大拱棚＋中拱棚（小拱棚）＋地膜栽培方式栽培早春马铃薯。12 月底至翌年 1 月上旬催芽，1 月底至 2 月上中旬起垄播种。每亩需种薯 130～150 千克。

（3）播种　播前每亩施腐熟有机肥 4 000～5 000 千克、饼肥100 千克、三元复合肥 50 千克，浅耕细耙，整平地面。起行距120 厘米的垄，垄宽 90 厘米，沟宽 30 厘米，210 厘米宽为一带（2 个垄＋1 个沟）。按照株行距 25 厘米×75 厘米播种，播后喷施乙草胺除草剂并覆黑白双色地膜，套中拱棚。

（4）田间管理

①温度管理　出苗后破膜，并用湿土封住膜孔，以防跑墒。发现缺苗可就近将邻近多余全株带土移栽。植株生长前期，白天温度 20～25℃，夜间不低于 10℃；花期后，白天温度 25～30℃，夜间温度 15～18℃。团棵期和薯块膨大期要保持土壤湿润，生育后期喷 2 次 0.2% 磷酸二氢钾。

②肥水管理　出苗前根据土壤墒情决定是否浇水，墒情好，不用浇水；墒情差，可于出苗前 15 天浇 1 次水，齐苗后浇 1 次水。以后适当控水蹲苗，团棵期再次浇水，以后视天气情况在始花期、盛花期、花末期之后每隔 1 周左右浇水 1 次，直到收获前 15 天为止。浇水时切勿漫过垄面。现蕾开花期是薯块膨大关键时期，土壤要见干见湿，发棵后期注意控制肥水，以防止植株徒长。在现蕾期前后结合灌水追肥，每亩追施磷酸二铵 10 千克、硫酸钾 20千克。进入开花和结薯期，根据长势叶面喷施 0.1%～0.3% 磷酸二氢钾和 0.5% 尿素溶液，每隔 7 天喷 1 次，共喷 2～3 次，以

促进植株生长和块茎膨大。盛花期叶面喷洒浓度为 50～100 毫克/千克的多效唑可湿性粉剂 1～2 次，结薯期可用营养肥料1.4% 爱多收（复硝酚钠）、0.3% 磷酸二氢钾进行叶面追肥。

③植株管理　苗高 3～5 厘米时定苗，只留 1 个主苗，其余芽苗应抹去。当植株出现花蕾时，应摘除花蕾，减少养分消耗，促进薯块膨大。此时应适当摘除多余侧枝，并喷施 0.1% 矮壮素或 50～100 毫克/千克多效唑抑制茎叶徒长，促进养分向块茎输送，提高薯块产量。

（5）**收获**　地上部植株叶色由绿逐渐变黄转枯、茎叶大部分枯黄时，采用机械或人工收获。

（6）**病虫害防治**　马铃薯常见病害有早疫病、晚疫病、疮痂病、病毒病和环腐病等，虫害有蚜虫和茄二十八星瓢虫等。

①早疫病　清除田间病株。早疫病可喷洒 25% 甲霜灵可湿性粉剂 500 倍液，或 75% 百菌清可湿性粉剂倍液 600 倍液，或70% 代森锰锌可湿性粉剂 400 倍液，隔 6～10 天喷施 1 次，连续喷施 2～3 次。

②晚疫病　清除田间病株。喷施 25% 甲霜灵可湿性粉剂 800倍液或 80% 代森锰锌可湿性粉剂 500 倍液防治。

③环腐病　可喷施 2% 春雷霉素可湿性粉剂 600 倍液或 77%氢氧化铜可湿性粉剂 600 倍液进行防治。

④疮痂病　可在种植前将种薯用福尔马林 200 倍液浸种 2 小时，浸种后再切成块，或在发病初期使用 65% 代森锰锌可湿性粉剂 1 000 倍液喷洒 2～3 次，间隔期为 7～10 天，收获后喷洒50% 多菌灵可湿性粉剂 800 倍液，晾干入窖，可防烂窖。

⑤病毒病　重点是选择不带病毒的种薯和防止蚜虫传播。蚜虫可采用 10% 吡虫啉可湿性粉剂 2 000～3 000 倍液，或 10% 氯氰菊酯乳油 2 000～5 000 倍液，或 20% 氰戊菊酯乳油 2 000～3 000 倍液，或 5% 抗蚜威可湿性粉剂 1 500～2 000 倍液喷防，每隔 7 天喷施 1 次，连续 2～3 次。

⑥瓢虫　可采用20%氰戊菊酯乳油，或2.5%溴氰菊酯乳油，或20%氰戊菊酯乳油2000～3000倍液防治瓢虫。

2. 夏 西 瓜

（1）**品种选择**　选择丰产、抗病品种，如丰收2号、金冠龙、中华宇宙王、百丰2号等。常用插接法嫁接，选用葫芦或新土佐为砧木。

（2）**育苗**　3月上中旬育苗播种。浸种前晒种1天，可以提高种皮通透性，提高种子活力，减少苗期病害的发生，提高种子出芽率。用55℃温水烫种1.5小时，洗净后放在30℃条件下催芽。西瓜种子有80%露白时即可播种。可采用营养钵或营养块播种，覆土厚1.5～2厘米。砧木比接穗晚播7天。待砧木第一片真叶出现，接穗子叶展开时嫁接。

嫁接后，保温保湿促缓苗。接后2天内要严格遮光，2天后可遮强光并逐渐见光，1周后不必遮光。白天中午温度保持在20～28℃，夜间不低于20℃。嫁接后3天内要保持100%的空气相对湿度，即嫁接后地面要浇透水，保持膜面有水滴。3天后可逐渐通风，每天放风1～2次，在清晨和傍晚进行；1周后可将棚膜少量打开，放风降温。苗期可不浇水、不追肥，若苗床过干，可在晴天中午浇小水，缺肥时叶面喷施0.3%尿素或0.2%磷酸二氢钾。另外，要去除砧木芽。

（3）**定植**　4月中旬定植，选择在晴天上午进行。将苗定植于大垄背内的2行马铃薯中间，行距210厘米，株距40厘米，每亩定植800株左右。西瓜生长早期可不撤棚，将四周掀起进行大通风，后期也可撤棚露地生产。

（4）**田间管理**

①肥水管理　定植缓苗后至5月初，随马铃薯基部侧蔓伸长，应根据苗情追施1次催蔓肥，每亩追施尿素10千克、硫酸钾10千克。瓜长至拳头大小时进入膨瓜期，此期需肥水量增大，每隔6～10天浇1次水，结合浇水每亩追施硫酸钾复合肥15千

克，并每隔 7 天结合病虫害防治喷 1 次 0.2% 磷酸二氢钾与 0.3% 尿素混合液。采收前 8～10 天停止浇水。

②植株管理 当主蔓长至 70 厘米左右时，采用"一主二侧"三蔓整枝法，去掉其余的侧蔓，减少养分消耗。应适当控制瓜蔓生长，整枝压蔓，去除多余的侧蔓及孙蔓。当发现有徒长现象时，可用手在主蔓前端轻轻捏掉瓜秧头或将主蔓捏扁，从而人为造成损伤。选择主蔓的第二、第三朵雌花留瓜，主蔓无瓜时可在坐瓜早的侧蔓上留瓜。最好在上午 8～9 时摘取当日开放的雄花涂抹雌花柱头进行人工辅助授粉，确保早坐瓜及大小均匀。在 2 个瓜坐稳后停止授粉。在坐果 25 天后，应翻果，以促使果实均匀成熟、色泽一致。

（5）**收获** 花后 30 天、八九成成熟时采收。7 月上中旬可收获第二茬瓜。

（6）**病虫害防治** 西瓜病害主要有枯萎病、蔓枯病、炭疽病和病毒病等，虫害有蚜虫、红蜘蛛等。

①枯萎病 发病初期在病株根部可选用 30% 甲霜·噁霉灵水剂 600 倍液喷施，或用 2% 抗霉菌素水剂 200 倍液灌根，每 7～10 天 1 次，连续 3～4 次。

②蔓枯病 可选用 75% 百菌清可湿性粉剂 600 倍液，或 56% 嘧菌酯·百菌清可湿性粉剂 800 倍液，或 70% 代森锰锌可湿性粉剂 500 倍液喷雾防治。

③炭疽病 可喷施 75% 百菌清可湿性粉剂 600 倍液或 64% 噁霜·锰锌可湿性粉剂 500 倍液，每 7～10 天防治 1 次，连防 2～3 次。

④病毒病 可用 3.95% 三氮唑核苷·铜·锌可湿性粉剂 500 倍液或 1.8% 辛菌胺醋酸盐水剂 800～1 000 倍液喷雾防治。

⑤蚜虫 可用 20% 氰戊菊酯乳油 2 000 倍液，或 50% 抗蚜威可湿性粉剂 2 000 倍液，或 20% 甲氰菊酯乳油 2 500 倍液，或 10% 吡虫啉可湿性粉剂 3 000 倍液喷雾防治。

⑥红蜘蛛　选用1.8%阿维螨清乳油1000倍液，或21%氰戊·马拉松乳油2000倍液，或73%炔螨特乳油1200倍液防治。

3. 秋延迟辣椒

（1）品种选择　选用生长适应性好、丰产性和抗病性强的品种，如砀椒三号、洛椒98A、汴椒1号、苏椒五号、洛椒四号等。

（2）育苗　秋延迟辣椒栽培宜在7月上旬播种育苗。播种过早，定植时正值高温期，易发生病毒病；播种过晚，结果期缩短，影响产量。采用72孔穴盘育苗，播前宜用20～25℃的温水浸泡种子6～8小时，再用10%磷酸三钠浸种20～30分钟，洗净后放在28～30℃条件下催芽，每天淘洗1次，略晾后继续催芽，经3～4天，有60%左右的种子出芽时即可播种。播种后苗床上方搭建小拱棚，覆盖40目防虫网，再覆盖遮阳网。晴天10～16时覆盖遮阳物，其余时间揭开。遇雨覆盖薄膜，避免暴雨冲刷幼苗造成倒苗，雨停后揭膜，以防徒长。刚出土的幼苗如有"戴帽"现象，可洒些清水增加湿度，助其"脱帽"。防止苗床湿度过大，引发猝倒病和立枯病。壮苗标准：苗龄45天左右，5～6片真叶，茎粗0.3厘米左右，株高10厘米左右，叶片大而肥厚，叶色浓绿，根系发达、洁白。

（3）定植　西瓜收获后，每亩施充分腐熟优质农家肥3000～4000千克、三元复合肥20～30千克，深翻闷棚。8月中旬按照行距60厘米、株距40厘米定植，每亩栽2400穴左右，每穴2株。

（4）田间管理

①温度管理　定植后晴天午间出现棚内温度过高时，应采取短时间盖草毡遮阴。辣椒生长期温度保持在白天25～30℃、夜间15～18℃，保证夜间温度不低于12℃。当露地平均气温低于18℃、夜间低于12℃时，应采取保温措施。霜降后注意保温，白天减少放风，夜间严密覆盖。

②光照管理　覆盖无滴膜，避免水珠对光的折射。冬季光照弱、强度低，应清除塑料薄膜上的灰尘、水珠，增加透光率，提

高光合作用。

③肥水管理　辣椒定植后浇 1～2 次小水，以利缓苗。生长前期，空气温度较高，水分蒸发量大，应勤灌少灌水，保持土壤湿润，促进辣椒生长发育；生长中后期，随着外界气温降低、光照减弱，空气湿度较大，应减少灌水次数。宜在晴天上午灌水，切忌阴雨天灌水。辣椒喜肥，除施足基肥外，还应分次追肥。在浇水多、地温高的情况下，若定植初期辣椒吸收过多氮素，茎叶易生长过旺，营养分配失衡，会导致大量落花落蕾，推迟结果。追肥以复合肥为宜，门椒坐住后，随水冲施复合肥 7～10 千克/亩；结果盛期，每隔 10～15 天施尿素 10～15 千克/亩。由于冬季温度较低，植株不易从根部吸收营养，可结合喷药交替喷施 0.2% 磷酸二氢钾和 0.3% 尿素溶液 3～4 次，促进果实膨大、提早成熟。

④植株管理　门椒开花后，去除门椒以下侧枝，待对椒长到 5 厘米时摘除门椒。对于生长势较弱的植株，可适时摘除门椒和对椒，以促棵结果。采用吊蔓栽培或支架栽培，每株保留 3～4 个生长健壮枝，可根据植株长势去除一部分小侧枝，以利通风透光。初霜期后为集中养分供果，把门椒以下的枝叶全部去除。

（5）收获　11 月上旬即可根据辣椒的成熟情况和市场行情进行采摘，12 月上旬逐渐采收结束。

（6）病虫害防治　辣椒病害主要有病毒病、疫病、青枯病和灰霉病等，虫害主要有蚜虫、白粉虱、烟青虫、夜蛾类害虫等。

①病毒病　以预防为主，定植后应喷施 20% 盐酸吗啉胍·乙酸铜可湿性粉剂 500 倍液预防，隔 5～7 天喷 1 次，连喷 3～4 次。

②疫病　可用 50% 琥铜·甲霜灵可湿性粉剂 800 倍液，或 25% 嘧菌酯悬浮剂 1 500 倍液，或 10% 苯醚甲环唑水分散粒剂 1 500 倍液，或 72.2% 霜霉威水剂 600～800 倍液，或 77% 氢氧化铜可湿性粉剂 400～500 倍液喷雾防治。

③青枯病　可用 58% 甲霜灵·锰锌可湿性粉剂 400 倍液喷

施或用90%乙磷铝可湿性粉剂600倍液涂抹茎基部防治。

④灰霉病　可用50%异菌脲可湿性粉剂1 500倍液，或50%甲基硫菌灵可湿性粉剂500倍液，或50%乙霉·多菌灵可湿性粉剂800倍液，或60%酰胺·异菌可湿性粉剂500倍液防治。

⑤蚜虫　可用25%吡虫啉可湿性粉剂1 000倍液或50%抗蚜威可湿性粉剂2 000倍液防治。

⑥白粉虱　可用10%氯氰·吡虫啉可湿性粉剂2 000倍液或40%阿维·敌敌畏乳油1 000倍液防治。

⑦烟青虫、夜蛾类害虫　可用4.5%高效氯氰菊酯或其他新型菊酯类药剂2 000～3 000倍液或1.8%阿维菌素乳油4 000倍液喷雾防治。

模式十四　大拱棚春马铃薯—夏毛豆—秋青花菜高效栽培模式

（一）种植茬口安排

1. 春马铃薯

12月底至翌年1月上旬催芽，1月底至2月上中旬起垄播种，4月底至5月初收获。

2. 夏毛豆

翌年5月上旬直播，8月收获。

3. 秋青花菜

翌年7月上旬播种，9月中下旬定植，11月覆大拱棚膜，12月陆续收获。

（二）栽培管理技术

1. 春马铃薯

春马铃薯的栽培管理参见"大拱棚春马铃薯—夏西瓜—秋延

迟辣椒高效栽培模式"相关内容。

2. 夏毛豆

夏毛豆的栽培管理参见"早春青花菜—夏毛豆—秋青花菜高效栽培模式"相关内容。

3. 秋青花菜

（1）品种选择 选择生长势强、球形圆整、颜色深绿、耐热、抗病性强的品种，如耐寒优秀、幸运等。

（2）育苗 秋青花菜适宜穴盘育苗，采用72孔穴盘基质育苗，每穴播种1～2粒，播后整齐摆放在准备好的苗床上。夏季育苗应注意防雨、遮阳、通风、降温，防止高脚苗，培育适龄壮苗，苗龄25～30天。

（3）定植 毛豆收获后，待青花菜幼苗长至4～5片真叶时定植，株距40厘米，定植前1天用50%多菌灵可湿性粉剂800倍液喷苗1次，定植时浇足水。

（4）田间管理

①肥水管理 青花菜需水量大，在莲座期和花球形成期要浇水，保持土壤湿润，防止沤根。定植后7～10天，每亩施尿素10～15千克，或尿素10千克、磷酸二铵15千克，并浇水1次，促进植株生长，培育壮苗。进入花球形成期，每亩施硫酸钾20千克，促进花球迅速生长。花球膨大期叶面喷施0.05%～0.1%硼砂溶液，能提高花球质量，减少黄蕾、焦蕾的发生，但在生长后期氮肥不可施用过多，以免花球腐烂。

②中耕除草 在多雨时要排水防涝，避免积水。定植后至植株封行前进行松土、除草。缓苗至现蕾30天内中耕松土2～3次，并适当培土护根，松土可与追肥结合。定植后2～3天进行第一次中耕，以疏松土壤，改善通透性能，防止水分蒸发，促进青花菜根系生长发育，以及早缓苗。以后要根据生产实际情况进行中耕除草，封垄前结束中耕。

③植株调整 应除去侧枝，减少养分消耗，促进顶花球膨

大，以保证达到商品要求标准。

④覆棚膜　在11月初，即立冬前后开始覆盖大拱棚膜，以提高适宜青花菜后期生长的环境温度。

（5）**收获**　根据产品用途和商家对规格的要求适时采收，选择花蕾较整齐、颜色一致、不散球的花球，在早晨或傍晚，用不锈钢刀具采割。装运中严防损伤。

（6）**病虫害防治**　秋茬青花菜主要病害有霜霉病、黑腐病、菌核病等，虫害有烟粉虱、菜青虫、蚜虫、棉铃虫和菜螟等。

①霜霉病　可用30%烯酰吗啉可湿性粉剂500～900倍液，每隔7～10天施药1次，最多使用3次；也可喷施70%代森锰锌可湿性粉剂600～800倍液或58%甲霜灵可湿性粉剂400～600倍液，每7～10天喷1次，连续喷2～3次。

②黑腐病　可用45%代森铵水剂300倍液浸种15～20分钟，冲洗后晾干播种，或用占种子重量0.4%的50%琥胶肥酸铜可湿性粉剂拌种防治。

③菌核病　可用50%异菌脲可湿性粉剂1200倍液，或25%多菌灵可湿性粉剂250倍液，或70%甲基硫菌灵可湿性粉剂1500～2000倍液喷雾防治。

④烟粉虱　可用70%吡虫啉水分散粒剂1500倍液，或25%噻嗪酮可湿性粉剂1500倍液，或25%噻虫嗪水分散粒剂5000倍液喷施防治。

⑤菜青虫　可用90%敌百虫晶体1000倍液，或2.5%溴氰菊酯乳油3000倍液，或25%除虫脲悬浮剂1000倍液防治。

⑥蚜虫　可用50%抗蚜威可湿性粉剂1000倍液或10%联苯菊酯乳油3000倍液防治。

⑦棉铃虫　可用4.5%高效氯氰菊酯乳油3000～3500倍液，或5%氟虫脲乳油2000倍液，或20%除虫脲胶悬剂500倍液喷雾防治。

⑧菜螟　可用40%氰戊菊酯乳油5000～6000倍液或20%

氰戊菊酯乳油 4 000 倍液喷雾防治。

模式十五　大拱棚韭菜周年高效栽培模式

大拱棚韭菜周年生产具有投资小、见效快、风险低等特点，主要集中在春节前后，经济收益较高，是一种较有推广前途的韭菜越冬栽培技术。

（一）棚室要求

要求周围无高大建筑物或树木遮阴，大拱棚矢高 2.5～3 米、跨度 6～12 米、长度 30～80 米，长度在 40～50 米较易操作。塑料大拱棚两侧预设随时可以关闭或打开的放风口。若跨度超过 8 米，中部要增设 1 道放风口。

（二）品种选择

选用抗病虫、耐低温、休眠期短、分蘖力强、生长速度快、叶片肥厚、直立性好、高产及耐贮运的品种，如雪韭 791、平韭四号、平韭六号、汉中冬韭、寒绿王等。

一定要选择新种子，以保证发芽率。要求种子质量符合GB 8079 中的二级以上要求，种子纯度 ≥ 92%、净度 ≥ 97%、发芽率 ≥ 85%、含水量 ≥ 10%。

（三）播种育苗

塑料大拱棚韭菜生产多广泛采用育苗移栽。适宜播期为 3月中旬至 5 月中旬，当地温稳定在 12 ℃以上、日平均气温在15～18 ℃时即可播种。

1. 整地施肥

选择土层深厚，土地肥沃，3～4 年内未种过葱蒜类蔬菜的土壤作为育苗地。整地前每亩撒施腐熟有机肥 4 000～5 000 千克、复合肥 30 千克，深翻细耙，做宽 1.2～1.5 米的育苗床，长度依地块而定。

2. 韭菜播种

采用湿播法，即播前将育苗畦内浇透水。水渗后，将种子掺 2～3 倍沙子或过筛炉灰渣，均匀撒播在畦内，覆盖过筛细土 1～1.5 厘米厚，用铁耙搂平。每亩选用 33% 二甲戊灵乳油 150 毫升或 48% 仲丁灵乳油 200 毫升，加水 50 千克喷雾处理土壤。不要重喷或漏喷，药量和水量要准确，以免产生药害或无药效。覆盖地膜或草苫，保湿提温，待 70% 幼苗顶土时除去苗床覆盖物。

3. 苗期管理

韭菜苗期为从长出第一片真叶到长出第五片真叶，苗龄为 65～80 天。培育壮苗才能为今后生产优质高产韭菜打好基础，因此，在韭菜苗期应加强肥水管理，做好防草除草和查苗补苗等工作。

（1）肥水管理　出苗前 2～3 天浇 1 次水，保持土表湿润，以利出苗。出苗后人工拔草 2～3 次。齐苗后至苗高 15 厘米，根据墒情每 7～10 天浇 1 次水。苗期结合浇水追肥 2～3 次，每亩施尿素 6～8 千克。雨季要排水防涝，防止烂根死秧。立秋后、处暑前每 5～7 天浇 1 次水，结合浇水追施氮肥 2～3 次，每亩追施尿素 6～8 千克。

（2）除草　出苗后应人工拔草 2～3 次，防止草荒吃苗。也可以每亩用 12.5% 吡氟氯禾灵乳油 50 毫升，兑水 30 千克后进行叶面喷雾，防除禾本科杂草；用 50% 扑草净可湿性粉剂 80～100 克，兑水 30～45 千克后进行叶面喷雾，防治阔叶杂草。

（3）查苗补苗　直播韭菜如果播种后出苗不好，还需进行补苗。补苗应根据实际情况而定，在韭菜长有 5 片叶、高度 20 厘米时即可进行移栽。补苗宜早不宜迟，补苗过晚会影响韭菜产量。补苗后应对补苗区域浇 1 次水，以促进缓苗。

（4）松土　每次雨后或浇水后，浅松沟帮土，注意不要过深以防盖苗。

（5）**防倒伏**　夏季为加强韭菜植株培养、积蓄养分，不进行收割。为防止倒伏后植株腐烂引起死苗，根据实际条件选择铁丝、竹竿材料，将韭菜叶片架离地面，保持韭菜畦内良好的通风透光条件。可喷施 1～2 次 1 200 倍的 75% 腐霉利可湿性粉剂，防治韭菜烂根烂叶。

（6）**养根除薹**　韭菜在夏季抽薹开花，以生产青韭为主的韭菜如果在夏季开花结实，会消耗植株大量的养分，从而影响冬季产量。因此，要在韭薹细嫩时摘除，以利于植株养分积蓄，保证冬季韭菜旺盛生长。幼苗出土后，应先促后控。主要管理工作有浇水、追肥、除草、防病虫等。

（四）整地移栽

于 8—9 月定植到塑料大拱棚内，尽量避开高温雨季。露地育苗的，苗高 18～20 厘米为定植适宜苗龄。穴盘育苗的成品苗标准为具有 4 叶 1 心，株高 15～20 厘米，叶色浓绿，无病虫斑，根系发达，根坨成形。

1. 整　地

定植前结合深耕（20～40 厘米）进行施肥，每亩施优质有机肥 5 000～6 000 千克、磷酸二铵 30 千克、尿素 30 千克。深翻、耙细，将土肥调匀，整平，做成 2 米宽的畦。

2. 移　栽

露地育的苗按行距 18～20 厘米，穴距 8～10 厘米，每穴 8～10 株定植。72 孔穴盘育的苗按行距 18～20 厘米，穴距 8～10 厘米定植；105 孔穴盘育的苗按行距 18～20 厘米，穴距 4～5 厘米定植。栽培深度以不埋住分蘖节为宜，过深生长不旺，过浅"跳根"过快。定植后四周用土压实，浇透缓苗水，隔 4～5 天浇第二次水，以促进缓苗。定植 1 周后，新叶长出再浇 1 次缓苗水，促进发根长叶，并划锄中耕 2～3 次后"蹲苗"。缓苗后至立秋不追肥，以防幼苗过高过细而倒秧。

（五）移栽后的管理

早春播种韭菜在扣棚前不收割，以养根为主。雨季排水防涝，防止烂根死秧。处暑前5～7天浇1次水，结合浇水追施氮肥2～3次，每亩追施尿素6～8千克。气温14～24℃是韭菜最适生长温度，也是肥水管理的关键时期。

从白露开始，根据土壤墒情每7～10天浇1次水，结合浇水追肥1次，每亩追施三元复合肥（$N:P_2O_5:K_2O=15:15:15$）30千克。

寒露后开始减少浇水次数，防止植株贪青，以促进养分向根部回流。旬平均气温降到4℃时浇防冻水，浇防冻水前结合中耕清除田间枯叶，每亩撒施腐熟有机肥1 000千克或饼肥100～200千克。此时施肥既能防寒增温，又有冬施春用的效果。

（六）扣棚管理

1. 停水控长

寒露前停止浇水施肥，以免影响养分向根茎积累。利用干旱强行控制韭菜的贪青徒长，迫使叶部营养加速向鳞茎和根系回流。韭菜回芽并经过一段时间的休眠后，每亩追施尿素30千克，并浇1次透水。

2. 扣膜时间

休眠期短的雪韭791、雪韭王，叶子枯萎前后均可扣膜，也可提前10天左右（即10月底）先割一刀韭菜，再行扣膜。休眠期较长的独根红、汉中冬韭，须待地上部枯萎以后（即11月上中旬）再扣膜生产。

3. 温湿度管理

扣棚初期不揭膜放风，主要为提升棚内温度，使棚内温度保持在白天20～24℃、夜间10～12℃。韭菜萌发后白天温度控制在 15～25℃，当气温达到 25℃以上时要注意放风排湿，控制空气相对湿度在 60%～70%，夜间温度应掌握在 10～12℃，最低温度不能低于 5℃。晴天时每天都要进行适时放风，降低棚内湿度，创造不利于病害发生的条件。

气温降至 -10℃左右时，棚内增加二层膜或小拱棚，或大拱棚外面加草苫覆盖保温。立春后去掉棚内二层膜或小拱棚。

（七）韭菜收割及割后管理

1. 韭菜收割

塑料大拱棚韭菜在 1 月初至 3 月下旬收获，可收割 3～4 刀。从封棚后到第一刀收割，正常管理条件下需 40～50 天，春节前割第二刀，第三刀在 3 月下旬收割。收割前 4～5 天，适当揭膜放风，使叶片增厚、叶色加深，以提高韭菜品质。

2. 割后管理

收割后适当提升棚温 3℃左右，尽快促生新芽。以后每茬韭菜的生长期间，棚内温度可较前茬提升 2℃，但最高不能超过 30℃，昼夜温差应在 10～15℃。在第一刀韭菜收割后 2～3 天，结合浇水追肥 1 次，每亩冲施尿素 10 千克、钾肥 15 千克。每次韭菜收割前 20 天停止追施氮肥。翌年 4 月上旬至 11 月，不收割，主要以养根为主，进入露地韭菜管理模式。

（八）病虫害防治

塑料大拱棚栽培韭菜的主要病虫害为灰霉病、疫病、生理性黄叶和干尖，以及韭蛆等。

1. 灰 霉 病

可用 50% 腐霉利可湿性粉剂 1 200 倍液，或 50% 乙霉·多菌灵可湿性粉剂 600 倍液，或 65% 甲霉灵可湿性粉剂 600 倍液，或 50% 灭霉灵可湿性粉剂 800 倍液等药剂喷雾，隔 7 天喷 1 次，连喷 4～5 次。

2. 疫 病

可用 72.2% 霜霉威水剂 600～700 倍液，或 25% 甲霜灵可湿性粉剂 600～1 000 倍液，或 64% 噁霜·锰锌可湿性粉剂 500 倍液，或 40% 乙磷铝可湿性粉剂 300 倍液，或 40% 三乙膦酸铝可湿性粉剂 250 倍液等药剂喷雾，每 7 天喷施 1 次，连续防治 2～3 次。除喷雾施药外，也可在栽植时用药液蘸根。

3. 生理性黄叶和干尖

生理性黄叶和干尖主要与土壤酸化、有害气体、高温、冷风、元素失调等有关。在管理上注意施用腐熟有机肥，肥料用量一次不要过多，加强温湿度管理，根外喷施微量元素肥料等措施预防。

4. 虫 害

主要是韭蛆，可幼虫、成虫综合防治，选用 50% 辛硫磷乳油 1 000 倍液，或 1.8% 阿维菌素乳油 2 000 倍液，或 1.1% 苦参碱粉剂 500 倍液灌根，每 30 天进行 1 次，可防治幼虫。于成虫盛发期顺垄撒施 2.5% 敌百虫粉剂，每亩撒施 2～2.6 千克；也可以用 2.5% 溴氰菊酯或 20% 氰戊菊酯乳油 2 000 倍液，或其他菊酯类农药如氯氰菊酯、氟氯氰菊酯等，进行茎叶喷雾，以上午 9～11 时喷施为宜，因为此时为成虫的羽化高峰。韭菜周围的土表也应喷雾。秋季成虫发生集中，危害严重时应重点防治。

第三章
日光温室蔬菜高效栽培模式

模式一 日光温室秋冬番茄—冬春番茄 高效栽培模式

（一）种植茬口安排

1. 秋冬番茄

7月上中旬播种，8月上中旬定植，11月上中旬采收上市。

2. 冬春番茄

12月中下旬播种；翌年2月上中旬定植，5月中下旬开始采收上市。

（二）栽培管理技术

1. 秋冬番茄

（1）**品种选择** 选择耐低温弱光、抗病性和丰产性好的大粉果品种，如金棚8号、海泽拉等抗番茄黄化曲叶病毒、抗根结线虫的大粉果品种。

（2）**育苗** 于定植前30～35天播种，种子采用磷酸三钠浸种法或温汤浸种法进行消毒处理。种子浸泡5～8小时，在25～30℃下催芽，2～3天后出芽即可播种。用72孔穴盘育苗，基质配比为草炭：蛭石：珍珠岩＝2:1:1。处理好的基质在装穴盘前，为防止病虫危害，每立方米基质加 75% 百菌清 50 克、25% 噻虫嗪颗粒剂 20 克拌匀后使用。夏季育苗要重点做好防病虫、防高温和防徒长工作。种子出土后中午高温时需采用遮阳网覆盖降温，有条件的温室可采用湿帘降温。遮阳网不能全天覆盖，否则易造成弱光环境而致使幼苗徒长。育苗过程中若发现幼苗徒长严重，可用助壮素 750 倍液或矮壮素 1 500 倍液喷雾控制。

（3）**定植**　定植幼苗生理苗龄达到 28～30 天，以株高 15～20 厘米、4 叶 1 心为宜。定植前 15～20 天，每亩撒施腐熟优质有机肥 7～8 立方米，或者撒施商品腐熟有机肥 240～320 千克、三元复合肥 50～60 千克，施肥后深耕耙平。定植时大行距 80～90 厘米，小行距 60～70 厘米，株距 33～35 厘米，每亩定植 2 500～3 000 株。栽苗后，浇透水，地面干燥后划锄。7～10 天后，向植株覆土形成小高畦，并覆盖地膜。

（4）**田间管理**

①温度管理　定植后白天温度 28～30℃，尽量不超过 33℃，夜间 18～22℃。7～10 天缓苗后，温度适当降低，白天 25～28℃，夜间 18～20℃。开花结果后适当提高白天温度，以 28～30℃为好，夜温保持在 15～18℃。

②湿度管理　定植后至缓苗前应保持棚内较高湿度，以利缓苗。缓苗后通风以降低棚内湿度，尤其是开花结果期，保持较低湿度，可减少病害发生。

③肥水管理　定植后至缓苗前不再浇水，缓苗后至开花前也应尽量少浇水，以防徒长。开花结果后加大肥水供应，根据土壤湿度和天气情况，每 15～20 天浇 1 次水，且根据果实生长情况随水冲施 15–5–30+TE 促果水溶肥 10～15 千克/亩。

④植株调整　因定植时气温较高，植株缓苗及生长较快，定植后 10 天左右开始吊蔓。绑蔓位置为番茄底部第二片真叶上方，以后随着植株的生长进行缠蔓或使用绑蔓夹固定植株与吊绳。选择单干整枝，当第一侧枝长至 5～10 厘米时整枝打杈，打杈时

注意杈基部留 1～2 厘米高的桩，忌从杈基部全部抹除，以防止病害侵染植株。采用电动授粉器授粉，或者每穗选留 5～6 朵正常健壮的花蕾，待显大蕾时用 15 毫克/升的番茄灵蘸花或涂抹花柄。待坐住 5～6 个果时，每穗留 4～5 个果实，将剩余花蕾进行疏除，以利养分集中供应，植株留 5～6 穗果后进行摘心。待第一穗果进入白熟期，在晴天上午将植株底部的病叶、老叶摘除，以利植株底部通风透光和果实转色。

（5）**病虫害防治** 秋冬番茄主要病害有病毒病、晚疫病、脐腐病等，虫害主要有白粉虱、烟粉虱、美洲斑潜蝇等。

①物理防治 棚室的上通风口和下通风口采用防虫网封闭，夏季全天覆盖。棚室内悬挂黄色粘虫板，每亩均匀悬挂 30 块左右，悬挂高度超过植株顶部 15～20 厘米，并随植株生长不断提高黄色粘虫板位置。

②生物防治 可以释放丽蚜小蜂防治白粉虱和烟粉虱。当每棚百株作物平均每株 0.5 头粉虱时，开始释放丽蚜小蜂，每亩释放 1 000～2 000 头，每 7～10 天释放 1 次，连续释放 3～4 次。可以释放食蚜瘿蚊防治蚜虫，棚内已发现蚜虫时，可将混合在蛭石中的食蚜瘿蚊蛹分放在棚室中；若棚内尚未发现蚜虫，可将带有麦蚜和食蚜瘿蚊幼虫的盆栽麦苗均匀放置在棚内，每亩释放 500 头，每 7～10 天释放 1 次，连续释放 3～4 次。最佳防治温度控制在白天 20～35℃，夜间 15℃以上。

③化学防治 病毒病可通过白粉虱、潜叶蝇等昆虫传播。定植初期可用 20% 盐酸吗啉胍·乙酸铜可湿性粉剂 500 倍液，或 2.5% 溴氰菊酯乳油 2 500 倍液，或 4.5% 高效氯氰菊酯乳油 2 000 倍液，每隔 7～10 天喷 1 次，连喷 2～3 次，防治白粉虱、斑潜蝇，可兼治棉铃虫、甜菜夜蛾。秋冬番茄生长后期遇到低温高湿环境，容易引发晚疫病害，宜进行提前预防，主要采用氟菌·霜霉威悬浮剂 800～1 000 倍液加海藻酸叶面肥喷雾，每隔 7～10 天喷 1 次，连喷 2～3 次。白粉虱、烟粉虱、美洲斑潜蝇的防治，

可选用 25% 噻虫嗪水分散粒剂 3 000～4 000 倍液，或 25% 噻嗪酮可湿性粉剂 1 000～1 500 倍液，或 5% 啶虫脒乳油 1 000 倍液，每隔 7～10 天喷 1 次，连喷 2～3 次。

2. 冬春番茄

（1）**品种选择**　选择早熟或中早熟、耐低温、抗番茄黄化曲叶病毒、抗根结线虫、丰产性好的大粉果品种，如金棚 8 号、STP-F318、海泽拉、德澳特 302 等。

（2）**育苗**　于定植前 45～50 天播种，种子采用磷酸三钠浸种法或温汤浸种法进行消毒处理。种子浸泡 5～8 小时，在 25～28℃下催芽，2～3 天后出芽即可播种。用 72～100 孔穴盘育苗，基质配比为草炭∶蛭石∶珍珠岩＝2∶1∶1。为防止发生病害，基质在装穴盘前每立方米基质加 75% 百菌清 50 克拌匀后使用。番茄苗期应加强温湿度和肥水管理。出苗前温度维持在白天28～30℃、夜间 24℃，有利于出苗。出苗后白天适当通风降温，防止幼苗徒长，育苗期间夜间温度低于 12℃时应适当加温。番茄苗期以控水为主，促控结合，使基质保持见干见湿状态。综合调控好温湿度和光照等环境条件，确保培育无病壮苗。

（3）**定植**　定植前 15 天每亩撒施腐熟优质有机肥 7～8 立方米，或者撒施商品腐熟有机肥 6～8 袋（40 千克/袋）、三元复合肥 50～60 千克，施肥后深耕耙平。于 2 月中下旬定植，番茄苗株高 18～22 厘米，4～5 片真叶，茎粗 0.5 厘米以上，节间短，无病虫害。采用大小行平栽种植，大行距 80～90 厘米，小行距 40～50厘米，株距 33～36 厘米。定植时要依据花序着生方向，实行定向栽苗，使花序着生部位处于操作行（宽行）。定植后，浇足缓苗水。

（4）**田间管理**

①温度管理　白天温度控制在 25～28℃，最高温度不宜超过 30℃，夜间温度控制在 15～17℃，最低温度不宜低于 8℃。番茄不同生育阶段所需求的温度略有差异，开花期实际所需温度比理论温度略低 1～2℃，果实发育期要略高 1～2℃。

②肥水管理　定植时浇透水，缓苗后视植株长势和土壤干湿情况进行浇水。平均每15～20天每亩随水冲施水溶肥（N：P_2O_5：K_2O=20：20：20）10～15千克，膨果期宜选用高钾水溶肥。

③植株调整　定植后15天左右开始绑蔓，绑绳松紧要适度，防止过紧缢断茎秆或影响茎秆增粗生长。绑蔓时防止把花序绑在绑绳内形成夹扁果。采用直立单干整枝，其余侧枝全部摘除，打杈宜在晴天10～15时进行，此时间段温度高，打杈后伤口愈合快、伤流少，可以减少植株的养分损耗。每穗结合蘸花选留5～6朵正常健壮的花蕾，其余花蕾全部疏掉，待每穗果坐齐后，再疏掉因蘸花而形成的畸形果、特小果，使每穗保留较整齐的4～5个果。植株留5～6穗果后进行摘心，摘心时在上部保留2～3片叶，以保障顶层果正常需要，同时防止阳光灼伤果实。分次、适时摘除病叶、黄叶和老叶，以利通风透光、果实着色和防止病害发生。第一次摘叶在第一穗果刚开始转色时进行，重点把番茄植株基部1～2片叶摘除。第二次摘叶在第一穗果长大定型后进行，在第一穗果下方留1片叶，其余下部叶全部摘除即可。打叶时每次以2片为宜，不能过多，叶片摘除过多会加快根系衰老，致使水分和矿物质营养供应不足，空洞果比例增加。

（5）病虫害防治　冬春番茄前期因低温、高湿环境易得叶霉病和疫病，生长后期温度升高，白粉虱和斑潜蝇的密度增加，易传染病毒病、煤污病等。

①物理防治　采用色板诱杀、防虫网隔离等物理防治技术可减少农药的使用。色板大小为25厘米×40厘米，每亩均匀悬挂30块左右，悬挂高度超过植株顶部15～20厘米，并随植株生长提高色板位置。在冬春季节用防虫网封闭通风口，在夏季全天候覆盖。

②生物防治　可以释放丽蚜小蜂防治白粉虱和烟粉虱，当每棚百株作物平均每株0.5头粉虱时开始释放丽蚜小蜂，将丽蚜小蜂的蜂卡挂在植株中上部的分枝或叶片上。每亩释放1 000～2 000头，每7～10天释放1次，连续释放3～4次。可以释放

食蚜瘿蚊防治蚜虫，棚内已发现蚜虫时，可将混合在蛭石中的食蚜瘿蚊蛹分放在棚室中；若棚内尚未发现蚜虫，可将带有麦蚜和食蚜瘿蚊幼虫的盆栽麦苗均匀放置在棚内，每亩释放500头，每7～10天释放1次，连续释放3～4次。最佳防治温度控制在白天20～35℃，夜间15℃以上。

③化学防治　叶霉病发病初期，可用10%苯醚甲环唑水分散粒剂1 500～2 000倍液或40%氟硅唑乳油6 000～8 000倍液喷雾防治，每隔7～10天喷1次，连喷2～3次。病毒病可用20%盐酸吗啉胍·乙酸铜可湿性粉剂500倍液或1.5%烷醇·硫酸铜乳剂1 000倍液等药剂喷雾，每隔7～10天喷1次，连喷2～3次。疫病用10%氰霜唑悬浮剂1 000倍液或氟菌·霜霉威悬浮剂800～1 000倍液喷雾，每隔7～10天喷1次，连喷2～3次。

白粉虱、烟粉虱、美洲斑潜蝇的防治，可选用25%噻虫嗪水分散粒剂3 000～4 000倍液，或25%噻嗪酮可湿性粉剂1 000～1 500倍液，或5%啶虫脒乳油1 000倍液，每隔7～10天喷1次，连续防治2～3次，可兼治棉铃虫、甜菜夜蛾。

（6）采　收

采摘后若需长途运输，可在成熟期（果实的1/3变红）采摘，就地出售或自食应在完熟期（果实的3/4以上变红）采摘。番茄采收时应轻摘轻放，采摘时最好不带果蒂，以防装运时果实相互扎伤，影响外观品质。

模式二　日光温室秋冬黄瓜—冬春黄瓜高效栽培模式

（一）种植茬口安排

1. 秋冬黄瓜

7月底至8月上中旬播种，8月底至9月上旬定植，12月拉秧。

2. 冬春黄瓜

11月上中旬播种，12月中下旬定植；翌年2月上旬开始采收，5月下旬至6月初采收结束。

（二）栽培管理技术

1. 秋冬黄瓜

（1）品种选择　选择耐低温、耐弱光、早熟、抗病、高产、优质的黄瓜品种，如津绿3号、津优30、园春3号、中农26号、津优307等。

（2）育苗　秋冬黄瓜多在7月中下旬播种。定植时的适宜苗龄平均为40～50天，生理苗龄为4叶1心。播种后40～50天进行定植。

秋冬黄瓜可采用催芽直播的方法。直播虽省工，但苗分散，管理不便，而且秋季多阴雨易患病，因此目前仍以育苗为主。育苗分为直播移栽、子叶期移栽育苗、穴盘育苗和嫁接育苗。

①直播移栽或子叶期移栽育苗

苗床准备：秋冬黄瓜育苗正值高温季节，幼苗期既要克服温度过高造成的幼苗生长细弱，又要在定植后适应温室的环境条件，所以不宜在露地育苗，育苗时应在露地扣小拱棚做育苗畦。小拱棚宽2米以上、高度超过1米，用旧薄膜覆盖，四周卷起，形成凉棚。育苗畦与温室育苗相同，在地面做低畦，畦宽1米、长5米左右，每畦撒施过筛的优质有机肥50千克，翻10厘米深，划碎土块，使粪土掺匀，耙平畦面。

直播或移栽：秋冬黄瓜可在育苗畦直播，也可在子叶期移栽。直播：育苗畦放直径10厘米、高10厘米的营养袋若干个，浇透水，待水下渗后在每个袋中摆1粒催出小芽的种子，芽朝下，种子平放，上面覆盖1～1.5厘米厚的过筛细潮土。子叶期移栽：在播种床面铺1～1.5厘米厚的过筛河沙，耙平，浇足水，把种子均匀撒播在床面上，再盖1～1.5厘米厚的细沙，浇透水，始终保持细沙湿润，3～4天后两片子叶张开即可移植。可移植在营养袋中，也可由育苗畦一端开始，按10厘米行距开沟，沟内浇足水，按10厘米株距栽苗。这种育苗方法的优点是移苗时可对子叶进行选择，以使幼苗整齐一致，避免幼苗徒长。

苗期管理：出苗以后，要保持畦面见干见湿，浇水在早晨或傍晚进行，每次浇水以刚流满畦面为止，起到湿润土壤和降低地温的作用。秋冬黄瓜可在30天左右育有4～5片叶、株高20～25厘米的适龄壮苗。

②穴盘育苗　用每盘50孔或72孔的育苗盘育苗，基质选用透气性、渗水性好、富含有机质的材料，如蛭石与草炭按1∶1的比例混合，每立方米施入50%多菌灵粉剂80～100克、过磷酸钾1千克、硫酸钾0.25千克、尿素0.25千克即可；也可将洁净沙壤土或腐质土，拌少量腐熟细粪后过筛，装于盘内，不宜装满，稍浅，把催芽后的种子放于穴内，每穴1粒，盖上基质后浇透水，用多菌灵和杀虫剂最后喷淋一遍，起杀菌、杀虫作用。每亩栽苗4 000株左右，需种子80～100克。

③嫁接育苗　砧木可选择黑籽南瓜或白籽南瓜，白籽南瓜前期长势较弱，晚上市10天左右。此外，黑籽南瓜在低温条件下亲和力较高，多应用于冬春黄瓜的嫁接；白籽南瓜在高温条件下亲和力较高，多应用于秋冬黄瓜的嫁接。

④种子处理　每亩用黄瓜种子150克、白籽南瓜种子1.5千克。播前将黄瓜种子在阳光下暴晒数小时并精选，放入50～55℃温水中，不停地搅动至水温下降到30℃以下，再浸泡4～6小时，浸泡后的种子用清水冲洗2～3遍，用纱布包好，放在28～30℃的温度下催芽。催芽过程中早、晚各用30℃温水淘洗1次，经1～2天、50%左右的种子露白时即可播种。南瓜种子需放在60～70℃的热水中，来回搅拌，当水温降至30℃时，搓掉种皮上的黏液，再于30℃温水中浸泡10～12小时，捞出沥净水，在25～30℃下催芽。

苗床准备：大田土与腐熟好的有机肥按 6∶4 比例混匀、过筛，加入 40% 多菌灵粉剂 2 千克 / 米^3，拌匀装体或装入 72 孔育苗穴盘。

播种方法：黄瓜比白籽南瓜早播种 5～7 天。种子横向平摆、上覆 1.5～2 厘米厚的细土或育苗基质，浇透水后苗床盖膜。

嫁接方法：黄瓜嫁接的方法有靠接法、插接法、劈接法、拼接法等。采用靠接法，砧木挖去生长点，用刀片在南瓜幼苗上部距子叶 1.2～1.5 厘米处向下斜切，角度为 30 度，口深为茎粗的 2/3 左右，再用刀片将黄瓜苗上部距子叶约 1.5 厘米处向上斜切 1 个 35 度左右的口，深度为茎粗的 2/3 左右。切好后，把黄瓜苗和白籽南瓜苗的切面对齐，对正嵌合插好，使切口内不留空隙。最后用塑料夹子固定好。

苗期管理：播种后室内白天温度控制在 28～30℃，夜间保持在 15℃，土温在 25℃ 左右，出苗后立即降温以防徒长。嫁接后白天温度保持在 25～30℃，夜间保持在 18～20℃，空气相对湿度在 95% 以上，全天遮光。3 天后逐渐降低温湿度，白天温度控制在 22～26℃、空气相对湿度降低到 70%～80%，并逐渐增加光照，4～5 天后上午 10 时至下午 3 时遮光，6～7 天后全天见光。10～12 天后切断穗根。在断根前 1 天用手指把黄瓜下胚轴接口下部捏一下，破坏维管束，减少水分疏导，使断根后生长不受影响。当嫁接苗 15 天左右时喷 1 次百菌清可湿性粉剂 800 倍液防治霜霉病，同时摘掉固定夹子。定植前 7 天，可降温至 15～20℃。

（3）**定植**　定植前 15～20 天，每亩施用腐熟农家肥 5 000 千克、优质平衡型复合肥 100 千克、钙蛋白土壤调理剂 500 千克、有机肥 100 千克、生物菌肥 100 千克，均匀撒施后深翻耙平，浇水造墒。做宽 1.2～1.3 米的高畦，定植 2 行，株距 25 厘米，密度为 4 100～4 400 株 / 亩。

（4）**田间管理**

①温光管理　秋冬黄瓜白天温度 25～27℃、夜间温度 14～

16℃。随着天气的渐渐变冷，光照时间缩短，光照强度降低，温度保持在白天23～26℃、夜间10～14℃。当连阴天来临时，要采取抗低温弱光的技术措施。适时增光和补光，用白炽灯、荧光灯等进行人工补光，改善棚内光照条件。

②肥水管理 秋冬黄瓜在定植水后9～10天再浇1次缓苗水，当第一花穗上的果长有鸡蛋黄大小时，可进行第一次追肥浇水，每亩追施尿素15千克。以后每隔5～7天灌1次小水，每隔10～15天追1次化肥，每亩追硫酸铵30千克、钾肥25千克。11月下旬后，要节制肥水，否则因地温低、根系吸引力弱，若遇连续阴天，易发生沤根。此时可采取叶面喷施0.2%磷酸二氢钾，以达到补肥的目的。植株摘心后或结果后期，加强肥水，促进雌花形成，追肥以钾肥为主，每亩追施硫酸钾10～15千克。

③植株调整 秋冬黄瓜容易徒长，当植株长到6～7片真叶时要上架或绑蔓，以后每隔3～4片叶绕蔓1次。砧木萌发后侧枝要摘除。进入结果前期要摘除卷须。中部出现的侧枝要在坐瓜前留2叶摘心，以利于坐瓜。雌花过多或出现花打顶时要疏去部分雌花，对已分化的雌花和幼瓜也要去掉。进入结瓜后期应落蔓，落蔓后每株保留18～20片绿色功能叶，其余下部老叶、病叶、黄化叶要去掉，以改善植株下部的通风透光条件，减少养分消耗以及各种病害的发生。

（5）**收获** 根瓜尽量早采收，以防坠秧。采收初期，每3～4天采收1次，进入盛瓜期后每1～2天采收1次，并适时疏花疏果。

（6）**病虫害防治** 秋冬黄瓜病害以白粉病、炭疽病和蔓枯病等为主，虫害有白粉虱和蚜虫等。

①白粉病 可用10%苯醚甲环唑水分散粒剂1000～1200倍液，或40%氟硅唑乳油4000倍液，或5%高渗腈菌唑乳油1500倍液，每隔7～10天喷施1次，连续防治2～3次。

②炭疽病 可用68.75%噁唑菌酮·锰锌水分散粒剂800倍

液，或 70% 代森联悬浮剂 600 倍液，或 30% 苯噻氰乳油 1 000 倍液等，每隔 7～10 天喷施 1 次，连续防治 2～3 次。

③蔓枯病　可用 25% 嘧菌酯悬浮剂 1 500 倍液喷施防治。

④白粉虱和蚜虫　可在温室所有通风口设置 40 目防虫网，温室内悬挂黄色粘虫板诱杀；也可选用 10% 吡虫啉可湿性粉剂 2 000 倍液，或 25% 喹硫磷乳油 1 000～1 500 倍液，或 2.5% 高效氯氰菊酯乳油 2 000～3 000 倍液喷防。

2. 冬春黄瓜

（1）**品种选择**　选择耐低温弱光、抗病性强、早熟丰产、商品性好的品种，如津绿 3 号、冬灵 102、津优 35 号、博美 74、津春 3 号、津优 32、中农大 22 号等。

（2）**育苗**　冬春黄瓜育苗正值低温季节，且病虫害易发生，一般采用嫁接苗。砧木选择黑籽南瓜。黑籽南瓜种子休眠 120 天左右，故当年生产的种子发芽率低、出芽也不整齐，最好用隔 1 年的种子。

①种子处理　每亩用黄瓜种子 150 克、黑籽南瓜种子 1.5 千克。播前将黄瓜种子在阳光下暴晒数小时并精选，放在 50～55℃温水中，不停地搅动至水温下降到 30℃以下，再浸泡 4～6 小时，浸泡后的种子用清水冲洗 2～3 遍，用纱布包好，再放在 28～30℃的温度下催芽。催芽过程中早、晚各用 30℃温水淘洗 1 次，经 1～2 天、50% 左右的种子露白即可播种。南瓜种子需放在 60～70℃的热水中，来回搅拌，当水温降至 30℃时，搓掉种皮上的黏液，再于 30℃温水中浸泡 10～12 小时，捞出沥净水，在 25～30℃下催芽。

②苗床准备　大田土与腐熟好的有机肥按 6∶4 比例混匀、过筛，加入 40% 多菌灵粉剂 2 千克/米^3，拌匀后装入营养钵或 72 孔育苗穴盘。

③播种方法　黄瓜比黑籽南瓜早播种 5～7 天。种子横向平摆、上覆 1.5～2 厘米厚的细土或育苗基质，浇透水后苗床盖膜。

④嫁接方法　黄瓜嫁接的方法有靠接法、插接法、劈接法等。采用靠接法，砧木挖去生长点，用刀片在南瓜幼苗上部距子叶1.2～1.5厘米处向下斜切，角度为30度，口深为茎粗的2/3左右，再用刀片将黄瓜苗上部距子叶约1.5厘米处向上斜切1个35度左右的口，深度为茎粗的2/3左右。切好后，把黄瓜苗和黑籽南瓜苗的切面对齐，对正嵌合插好，使切口内不留空隙。最后用塑料夹子固定好。

⑤苗期管理　播种后室内白天温度控制在28～30℃，夜间保持在15℃，土温在25℃左右，出苗后立即降温以防徒长。嫁接后白天温度保持在25～30℃，夜间保持在18～20℃，空气相对湿度在95%以上，全天遮光。3天后逐渐降低温湿度，白天温度控制在22～26℃、空气相对湿度降低到70%～80%，并逐渐增加光照，4～5天后上午10时至下午3时遮光，6～7天后全天见光。10～12天后切断穗根。在断根前1天用手指把黄瓜下胚轴接口下部捏一下，破坏维管束，减少水分疏导，使断根后生长不受影响。当嫁接苗15天左右时喷1次百菌清800倍液防治霜霉病，同时摘掉固定夹子。定植前7天，可降温至15～20℃。

（3）定植　定植前15～20天，每亩施用优质圈肥5 000千克、三元复合肥（N：P_2O_5：K_2O=15：15：15）50千克作基肥，深翻耙平。定植前4～5天，做宽1.3米的高畦，定植2行，株距25厘米，密度为4 000株/亩左右。

（4）田间管理

①温度管理　定植后尽量提高温度，以利缓苗，若不超过32℃则不需要放风。缓苗后温度白天20～25℃，夜间15℃左右，揭苫前10℃左右，以利花芽分化和发育。进入结果期后温度白天20～25℃，夜间10℃以上。为了促进光合产物的运输、抑制养分消耗、延长产量高峰期和采收期，实行4段变温管理：结瓜初期上午23～26℃，不超过30℃；下午20～22℃；前半夜

15～18℃，不超过20℃；后半夜10～12℃，不低于8℃。盛瓜期上午25～32℃，不超过35℃；下午20～30℃；前半夜15～18℃；后半夜10～12℃。若遇阴天或连阴雨天气，应当降低管理温度，并保持昼夜温差，白天18～22℃，夜间10℃左右，不低于5℃。若连阴天过长，要注意保温防寒，必要时可临时采用炉火增温。

②肥水管理　定植后浇大水缓苗，缓苗到结瓜初期浇2水，盛瓜期水分管理每5～7天进行1次。根瓜采收前不追肥，结瓜初期需随水追肥1次，每亩追施腐熟饼肥或粪干100千克左右；根瓜采收后每亩追施三元复合肥10千克左右；盛瓜期肥水管理每5～7天进行1次，每次随水追施三元复合肥20～30千克/亩；结瓜后期每次随水追施三元复合肥15～20千克/亩。

③植株调整　缠蔓、去老叶及病叶、摘卷须和落蔓，正常植株上保留13～15片功能叶片。疏瓜，摘除弯瓜，侧枝坐瓜后留1片叶摘心。

（5）收获　黄瓜从播种到采收约65天，定植后30天左右进入采收期。采收在清晨进行，收瓜时保留果柄和瓜顶端的花。

（6）病虫害防治　冬春黄瓜病害主要有靶斑病、霜霉病及细菌性病害等，虫害主要有蚜虫、白粉虱等。

①靶斑病　可用43%戊唑醇悬浮剂3 000倍液，或40%氟硅唑乳油8 000倍液，或40%嘧霉胺悬浮剂500倍液，或25%嘧菌酯悬浮剂1 500倍液，或25%咪鲜胺乳油1 500倍液等进行喷雾防治，每隔7～10天喷1次，连喷2～3次；发病严重的，可喷施30%硝基腐殖酸铜可湿性粉剂600～800倍液进行叶面喷雾，交替用药。

②霜霉病　可用64%噁霜·锰锌可湿性粉剂500倍液或75%百菌清可湿性粉剂600倍液喷雾防治，也可用百菌清烟剂熏蒸防治。

③细菌性角斑病　用30%琥胶肥酸铜500倍液防治，在发

病后连喷 2～3 次，每次间隔 5～7 天。

④蚜虫和白粉虱　可在温室所有通风口设置 40 目防虫网，温室内悬挂黄色粘虫板诱杀，也可选用 10% 吡虫啉可湿性粉剂 2 000 倍液喷雾防治。

模式三　日光温室秋冬番茄—冬春丝瓜高效栽培模式

（一）种植茬口安排

1. 秋冬番茄

7 月初育苗，8 月上旬定植，10 月中旬上市，12 月下旬拉秧。

2. 冬春丝瓜

11 月上旬育苗，12 月上旬移栽至番茄田中套种；翌年 1 月下旬开始采收，6 月下旬至 7 月上旬拉秧，高温闷棚 1 个月。

（二）栽培管理技术

1. 秋冬番茄

（1）**品种选择**　番茄定植期正值高温季节，烟粉虱较多，此茬番茄品种必须抗黄化曲叶病毒，并且适应性强，既耐苗期高温，又能在冬季低温弱光条件下保持较强的坐果能力，畸形果率低，果实转色好。如果采收的番茄以外销为主，需选择耐运输、耐贮藏的硬肉品种。

（2）**育苗**　于 7 月上旬播种育苗。此时天气炎热，幼苗易徒长、易发病，对育苗技术要求高，并且番茄种子较小，但销售价格较高。若农户自己育苗，种子浪费率高。为相对节约成本，建议农户从集约化育苗工厂订苗。育苗工厂具有穴盘、苗床、喷灌设备、施肥器、降温水帘、通风设备等硬件，育苗环境条件易调控，适宜幼苗生长，既能减少幼苗病虫害的发生，又能培育壮苗。如果定植棚内根结线虫病或番茄根腐病较重，可以从育苗工厂订购用抗性砧木嫁接好的番茄嫁接苗。

（3）定植前的准备

①土壤条件　当土壤空气中含氧量降至 2% 时，植株会因缺氧枯死，因此，不宜在低洼易涝的土壤种植番茄。日光温室要求耕作层深厚、排水良好、富含有机质、pH 值 6～7 的肥沃壤土。

②高温闷棚　在 7—8 月时，利用夏季的高温对大拱棚进行高温闷棚消毒。首先清理干净大拱棚内的前茬作物残余枝叶。将大拱棚内的土壤深翻，密封好棚膜的通风口，在棚内点燃烟雾熏蒸剂，密闭 15 天以上。这样能够有效杀死棚中及土壤中的病菌。如果是有根结线虫病的重茬地块，闷棚前，深翻土壤时撒施噻唑膦颗粒剂 2 千克／亩，地表覆盖薄膜或地膜，浇透水，再密闭大拱棚进行高温闷棚 15 天以上。

③施肥整地　整地时，每亩施腐熟有机肥 1 000 千克、饼肥200 千克、三元复合肥 50 千克、尿素 30 千克、过磷酸钙 30 千克。将肥料均匀撒施于田间，翻地起垄。栽培番茄采用高畦栽培。先做高 15 厘米、垄底宽 1.2 米、垄顶宽 0.9 米的小高畦，在高畦中部开宽 15 厘米、深 8 厘米的浇灌沟，垄上覆盖黑色地膜。

④设防虫网和遮阳网　在棚的下通风口处加设 40 目以上防虫网，在上通风口处加设遮阳网，可以有效阻止蚜虫、粉虱及蛾类进入棚中。番茄定植初期为炎热的夏末，为确保番茄安全生长，于晴天的中午在棚膜上加盖遮阳率 50% 左右的遮阳网。

（4）定植　8 月上旬，番茄苗长到 3～4 片真叶时，即可定植。选择晴天的下午进行，每垄定植 2 行番茄，采取大小行模式，同一垄上的番茄行距 40 厘米，垄间沟为操作行，行距 80 厘米。定植后在垄上地膜下浇透水，中午需要打开遮阳网遮阴。待缓苗后，喷施矮壮素 500 倍液，防止番茄苗徒长。

（5）田间管理

①吊蔓整枝　目前保护地番茄采取吊蔓管理，单蔓整枝，去

除生长的侧枝。留 6～7 穗果后，在果穗上部留 2 片叶，摘心打顶。当番茄生长进入中后期时，摘除植株下部的老叶、黄叶、病叶，以促进通风和透光。生长后期当番茄秧离棚膜过近时，可解开吊蔓绳，调整番茄秧到适当高度。

②保花保果　为提高番茄坐果率，保护地番茄需要蘸花保果。每天上午选择刚盛开的花朵，将坐果灵涂抹于花柄上。抹花太早，花粉未散出，易形成空心果；抹花太晚则失去效果。每个花柄只能涂抹 1 次，重复蘸花或涂药过多，果实果脐部易形成乳突。秋冬番茄，随着气温的降低，为提高番茄蘸花效果，坐果灵中 2,4–D 的浓度应略微提高。果实开始膨大后疏果，每果穗留 3～4 个果。

③温度管理　定植后正值高温的夏末，晴天时需打开上下通风口，棚内温度高于 30℃时，要打开遮阳网遮阴，于下午 3 点左右将遮阳网收起。雨天务必关闭通风口，防止雨水淋入棚内传播病菌。进入秋末后，夜间需覆盖保温被，使夜间最低温度不低于 12℃。

④肥水管理　番茄定植后先浇透水缓苗，当第一序花坐果后，要进行适当蹲苗，使根系快速下扎，还能控制地上部徒长，为以后丰产创立条件。当第二穗果坐住并开始膨大后，每 7 天左右浇水 1 次，结合浇水追施三元复合肥 10 千克 / 亩。以后每坐住一穗果，结合浇水追肥 1 次。进入冬季后，随着气温的降低，浇水周期逐渐延长。

（6）**收获**　收获时用剪刀贴近萼片部位，剪断果柄，留下萼片，将番茄放在采收筐或包装箱中。每放置 1 层番茄，摆放 1 层纸板或薄海绵，避免多层叠放挤压。

（7）**病虫害防治**　番茄病害有茎基腐病、病毒病、早疫病、晚疫病、溃疡病、叶霉病、灰叶斑病和脐腐病，这些病害易在那些疏于管理的地块发生。茎基腐病主要发生于多年重茬种植番茄的地块，于定植期或坐果期发病。防治方法以预防为主，可以在夏季高温时进行土壤消毒并采用抗性砧木的嫁接苗，定植后灌施1次噁霉灵预防。病毒病是由白粉虱或烟粉虱传播造成的，目前主要造成危害的病毒病为黄化曲叶病毒病和褪绿病毒病。秋季是粉虱的高发季节，首先要选择抗黄化曲叶病毒的番茄品种种植，目前还没有抗褪绿病毒的番茄品种推广。脐腐病是一种生理性病害，主要是由生长后期植株或土壤缺钙造成的，注意浇水并追施含钙水溶性肥，可以有效预防。早疫病、晚疫病、叶霉病、灰叶斑病等细菌性或真菌性病害也要以预防为主，在栽培过程中要加强田间管理，通过合理密植、增加通风采光、适时适量浇水等综合管理技术，并根据不同病害发生的时间，及早打药预防，可有效预防菌类病害的发生和发展。

虫害主要有蚜虫、白粉虱和潜叶蝇，可在通风口悬挂 40 目以上的防虫网。若棚内仍有害虫危害，在棚内悬挂诱虫板，可以有效降低虫口密度。化学防治可以选择烟雾熏蒸剂，也可以用 10% 吡虫啉可湿性粉剂 4 000 倍液或 25% 噻虫嗪可湿性粉剂 5 000 倍液交替喷雾防治。

2. 冬春丝瓜

（1）**品种选择**　丝瓜品种分为普通丝瓜和有棱丝瓜，不同的丝瓜类型适合不同地区的消费习惯，所以在生产中要根据销售区域选择相适应的丝瓜品种。普通丝瓜宜选择瓜条长度 60 厘米以内，瓜条直径 3.5 厘米左右，表皮黄绿色，瓜条硬度大，耐贮运的品种。山东省蔬菜工程技术研究中心选育的寿育 1 号、寿育 2 号在生产中表现较好。

（2）**育苗**　丝瓜种子较大，种皮厚，穴盘育苗选择 50 孔育苗盘，集约化育苗苗龄为 25 天左右，达到 2 叶 1 心时即可进行定植。有条件的农户也可在冬暖棚中自己培育丝瓜苗，苗龄略长于集约化育苗。

①种子处理　播种前将丝瓜种浸种催芽，把种子放置于 55℃温水中烫种 10 分钟，搅拌至水温变凉，浸种 6～8 小时。

将种子放于30℃温箱中催芽，待种子刚露白时即可播种于穴盘。

②苗床准备 丝瓜苗床可以选择冬暖棚中采光、保温好的位置，平放于地面上，将穴盘压好播种孔，平放于苗床上。播种后覆土，浇透水，覆盖地膜，并在苗床上搭好小拱棚保温。

③幼苗管理 播种后3天左右即可出苗。出苗后注意保暖，夜间覆盖小拱棚，白天揭开薄膜增加透光以防止徒长。子叶完全展开后，视天气状况，每1～2天浇1次水，其中间隔2次浇水冲施1次全营养水溶肥1000倍液，保持幼苗营养供应均衡。定植前喷施1遍杀菌剂。

（3）定植 为提早丝瓜收获期，在番茄生长后期，番茄拉秧前20天左右，即将丝瓜苗套种于番茄植株之中，行距与番茄相同，株距以35厘米为宜，每亩定植2800～3200株，定植后浇透水。定植后20天左右，番茄采收结束，把番茄植株从茎基部位置剪断，清理干净番茄枝叶，棚内喷1遍50%多菌灵可湿性粉剂500倍液预防病菌传播。

（4）田间管理

①定植初期管理 当丝瓜长至6叶期时吊蔓，吊蔓可采用吊蔓夹，便于以后的落蔓操作。丝瓜顶端优势显著，将生长的侧芽清除，有利于生长、提高商品性和产量。

②坐瓜管理 坐瓜前培养强壮的植株，留瓜宜根据季节进行留瓜，高温季节适当早留，低温季节适当晚留。将长出12片叶以前的雌花摘去，出现雌花后，将雄花和多余的雌花去掉，在雌花上部留2片叶进行摘心，促进幼瓜的发育。丝瓜为夜开花植株，丝瓜在光线变弱后，花才开放。蘸花在晚上进行，种植者为方便操作，生产中多采取提前覆盖保温被，阳光被遮后，丝瓜花开放。蘸花采用0.1%氯吡脲10克兑2～3千克水，加入标志色，进行蘸花。蘸花时最好从下向上蘸，幼瓜蘸到药液的部位不能超过2/3，蘸后立即取出即可。通过蘸花处理，可将花瓣保持开放状态到采收。

③整枝落蔓　丝瓜坐瓜后，侧芽萌发且生长速度较快，每株保留1个侧芽，将多余的侧芽去掉，待侧芽上的雌瓜长出后，将侧芽进行摘心处理。丝瓜采收后，进行落蔓，将植株高度调整到有利于瓜条生长的高度。农户根据劳动量将温室的丝瓜分为几批进行管理，可降低劳动集中度，提高管理水平。

④温度管理　定植后正值寒冷的冬季，若管理不当，丝瓜易发生冻害。根据气温变化，调整覆盖保温被的时间。严寒季节，下午3时左右即需要放下保温被，保持夜间最低温度不低于12℃。生长后期，随着气温的升高，逐渐减少保温被的覆盖时间，到5—6月，昼夜温度稳定在20℃以上时，可昼夜通风，并去除保温被。当棚内温度高于30℃时，慢慢拉开顶部的通风口，放小风，利用通风降温降湿。

⑤肥水管理　丝瓜根系发达，生长旺盛，吸肥水能力强，产量较高。定植后7天，结合浇水追施促进根系生长的腐殖酸类水溶性肥料30千克/亩。随着幼苗的生长，每隔7～10天追肥1次。开始结瓜后，需加大施肥量，以满足正常生长和开花结果对养分的需求。采收期根据生长状况需要进行浇水并追肥，每7天追肥1次，每亩用高钾三元复合肥10～15千克。浇水要均匀，切忌大水漫灌，以免对根系造成不良影响。

（5）**采收**　丝瓜生长速度较快，定植后40天左右出现雌花，开始结瓜，蘸花后8天左右即达到商品瓜要求。采瓜时间为凌晨，每隔1天采收1次，盛瓜期可每天采收。丝瓜果实采摘要适时，采收过早，丝瓜过嫩，瓜肉较软，影响产量和品质；采收过晚，丝瓜过于粗大，商品性降低，并影响后期结果。

（6）**病虫害防治**　丝瓜主要病害有根结线虫病、细菌性花腐病、霜霉病和白粉病。根线线虫病多采用土壤消毒和培育无病壮苗来解决。细菌性花腐病采取在连阴天到来前利用56%嘧菌酯·百菌清600倍液进行预防。霜霉病是棚室栽培丝瓜最常见的病害，建议采用农业防治与化学防治相结合的方法防治。农业防治注意适当配施磷钾肥，提高植株抗病能力，摘除老病叶，增加田间通风透光。化学防治可选 50% 甲霜灵可湿性粉剂 600 倍液或 72% 霜脲·锰锌可湿性粉剂 750 倍液进行喷雾。白粉病发病初期，叶片上形成白色粉状斑，发病严重时整个叶片覆盖一层白粉，可用 25% 三唑酮可湿性粉剂 1000 倍液或 10% 多抗霉素可湿性粉剂 1000 倍液进行喷雾防治。

虫害主要是螨虫、蓟马、蚜虫、粉虱和斑潜蝇。若棚内有害虫危害，在棚内悬挂诱虫板，可有效降低虫口密度。化学防治可以选择烟雾熏蒸剂，也可以用 10% 吡虫啉可湿性粉剂 4000 倍液或 25% 噻虫嗪可湿性粉剂 5000 倍液交替喷雾防治。

模式四　日光温室秋冬茄子—早春芸豆高效栽培模式

（一）种植茬口安排

1. 秋冬茄子

6 月下旬至 7 月上旬播种育苗，8 月上中旬定植，11 月中旬至 12 月中旬上市。

2. 早春芸豆

11 月下旬至 12 月上中旬播种，12 月中下旬移栽；翌年 2 月下旬至 3 月上旬开始上市。

（二）栽培管理技术

1. 秋冬茄子

（1）**品种选择**　选择耐低温、耐弱光、抗病、高产、商品性好等适合温室栽培的专用品种，主要有 765、超亮紫光、黑龙长茄、布利塔、大龙长茄、黑珊瑚、紫阳长茄和天津快圆茄等。

（2）**育苗**　秋冬茄子育苗分为常规育苗和嫁接育苗。常规育苗包含营养钵育苗、穴盘育苗和普通苗床育苗；嫁接育苗分为贴接法、靠接法、套接法等。

①育苗基质准备　常用育苗基质有田园土、草炭、蛭石与珍珠岩的比例为 3∶1∶1，金针菇渣与菜园土的比例为 2∶1，草炭、牛粪、蛭石的比例为 1∶1∶1 等。每立方米基质用代森锌可湿性粉剂 60 克，药、土拌匀后用塑料薄膜盖 3 天，撤薄膜待药味散尽后即可使用，或每立方米基质加 50% 多菌灵可湿性粉剂 0.2 千克，进行基质灭菌消毒。此外，每立方米基质加三元复合肥（$N∶P_2O_5∶K_2O=15∶15∶15$）1～1.5 千克。

嫁接育苗常用砧木有托鲁巴姆、赤茄。赤茄易发芽，苗期长得快，播种时间以当地自根茄育苗时间往前推 10～15 天即可；托鲁巴姆发芽慢，幼苗初期生长慢，播种时间以当地自根茄育苗时间往前推 30～45 天即可。

②种子处理　播种前茄子砧木和自根茄种子采用 55℃的温水浸种 15 分钟后，在常温下再浸泡 4 小时，将种子沥干后催芽，或用 0.1% 高锰酸钾溶液浸种 10 分钟，用清水冲净后催芽。催芽温度为 28～30℃。

③播种与管理　当催芽种子 70% 以上露白时即可播种，先将穴盘或苗床浇透水，播种后覆盖基质或细土 0.8～1 厘米厚。砧木苗管理白天温度控制在 30～32℃、夜间 18～20℃；50% 种子顶土时揭去地膜，白天温度控制在 25℃左右、夜间 14～16℃。出苗前，白天温度为 25～30℃、夜间 15～18℃。50% 种子出土后管理同砧木。水分管理以适当控水防徒长为原则，基质或土壤要求见干见湿，浇水后注意通风排湿，空气湿度控制在 60%～70%。后期可用 0.2% 磷酸二氢钾溶液进行叶面喷施。当茄苗 7～9 片真叶，门茄现花蕾时开始定植。嫁接要求砧木苗长有 5～7 片真叶，接穗苗长有 4～6 片真叶时开始嫁接。如贴接法，先将砧木保留 2 片真叶，去掉上部，再削出呈 30 度角的斜面，斜面长 1～1.5 厘米；取来接穗，保留 2～3 片真叶，

横切去掉下端，也削成与砧木大小相同的斜面，二者对齐、靠紧，用固定夹子夹牢即可。嫁接后 3～5 天内白天温度应控制在 24～26℃，最好不超过 28℃，夜间温度保持在 20～22℃，不要低于 16℃；空气相对湿度控制在 90%～95%，要全部遮光。3～5 天以后，开始放风，逐渐降低温度，空气相对湿度在 85%～90% 之间，逐渐见光。10～15 天接口全部愈合好后，撤掉固定夹子，恢复日常管理，等待定植。

（3）定植　定植前 30 天左右，每亩施充分腐熟的优质圈肥 5 000～8 000 千克、磷酸二铵 25 千克、硫酸钾复合肥 50 千克、硫酸锌 1 千克、硫酸镁 1 千克、钙肥 25 千克，混合均匀一次性施入。深翻 30 厘米，整畦做垄，垄底宽 40 厘米，垄高 10～15 厘米，垄和垄沟均覆盖地膜。定植前 10 天左右，揭开地膜，放出有害气体。

秋冬茄子定植时间在 8 月 25 日—9 月 10 日，定植同样采用宽窄行起垄、地膜覆盖的方法，采用南北向大小行小高垄，大行距 90 厘米，小行距 70 厘米，株距 35～40 厘米。定植前在垄上开沟放水，定植时按株距 35～40 厘米带水栽植，待水渗下后封沟覆盖地膜。也可在定植穴内施入生物菌肥激抗菌 968 等。每亩栽植 2 200～2 500 株。

（4）田间管理

①温度管理　缓苗后至深冬前白天温度控制在 26～30℃、夜间 15～18℃，白天棚温达 25℃时要进行通风。从定植到茄子上市，需要 45 天左右，此期昼夜温差正好利于茄子生长，白天应保持在 25～28℃、夜间 15～16℃。

②肥水管理　定植时浇足底水，缓苗期可不浇水。缓苗浇水后，要开始蹲苗，措施上要多锄、少浇。中耕 2 次以上，第一次要浅，划破表层 2～3 厘米即可，从第二次开始要深、细，遵循"近根浅、远根深"的原则，深度可达 5 厘米以上。缓苗后喷施 4 000～5 000 毫克／千克的矮壮素或助壮素，促使壮秧早结果。

深冬季节植株表现有缺水现象时，在上午 10 时左右，在小行间于地膜下浇水，浇水量要小。门茄坐住后，结合浇水追 1 次肥，每亩追施三元复合肥 15 千克。门茄"瞪眼"（茄长 5～6 厘米、粗 3～4 厘米）之前，土壤不旱不浇水，尽量不施肥，以免引起植株徒长，造成落花落果。门茄"瞪眼"之后，应浇水、追肥，追施尿素 10～15 千克/亩。进入盛果期，每 8～10 天浇 1 次水，结合浇水每隔 16～20 天追肥 1 次，每亩施用尿素 13～15 千克、硫酸钾 10 千克。结合喷药可用 0.2% 磷酸二氢钾或 0.2% 尿素进行叶面追肥。

③植株调整　茄子可采取双干整枝，也可以单干一边倒整枝。每干上留 15 片左右的功能叶即可。门茄坐果后将门茄以下的侧枝全部去掉，结果后期摘除植株底部的老叶、黄叶、病叶等，改善通风透光条件，减少养分消耗和病虫害的发生传播。为防止因低夜温、授粉受精不良而引起的落花落果，用 30～40 毫克/千克坐果灵处理花朵或 20～30 毫克/千克的 2, 4-D 蘸花或涂抹花柄。

（5）收获　门茄应适时采收，防止坠秧。采收标准：萼片与果实相连部位的白色（或淡绿色）环状带（俗称"茄眼"）不明显，表明果实生长转慢，可采收。采收在早晨进行。

（6）病虫害防治　秋冬茬茄子主要病害有苗期猝倒病和立枯病，成株期褐纹病、灰霉病和炭疽病等；虫害有白飞虱、蚜虫等。

①猝倒病和立枯病　可选用 70% 代森锰锌可湿性粉剂 500 倍液或 64% 噁霜·锰锌可湿性粉剂 500 倍液喷施，每 7～10 天喷 1 次，喷施 1～2 次。

②褐纹病　可用 50% 琥铜·甲霜灵可湿性粉剂 500 倍液，或 58% 甲霜灵·锰锌可湿性粉剂 400 倍液，或 64% 噁霜·锰锌可湿性粉剂 500 倍液喷施，每 7～10 天喷 1 次，连喷 2～3 次。

③灰霉病　可用 50% 多·福·乙霉威可湿性粉剂 1000 倍液，

或 50% 乙霉·多菌灵可湿性粉剂 800 倍液，或 50% 腐霉利可湿性粉剂 1000 倍液喷施，连喷 2～3 次。

④炭疽病　可用 20% 唑菌胺酯水分散粒剂 1500 倍液＋70% 代森锰锌可湿性粉剂 600～800 倍液，或 20% 苯醚·咪鲜胺微乳剂 2500～3500 倍液，或 30% 苯噻硫氰乳油 1000～1500 倍液＋70% 丙森锌可湿性粉剂 700 倍液，或 5% 亚胺唑可湿性粉剂 800～1000 倍液＋75% 百菌清可湿性粉剂 600 倍液喷雾，视病情每隔 7～10 天喷药 1 次。

⑤蚜虫和白粉虱　可用 5% 吡虫啉可湿性粉剂 2000 倍液，或 50% 抗蚜威可湿性粉剂 2000 倍液，或 2.5% 联苯菊酯乳油 2000 倍液等喷雾防治。

2. 早春芸豆

（1）品种选择　选择开花期对日照长短要求不严、适应性强、抗病、产量高、品质好的早中熟品种。常用品种有泰国架豆、二扁芸豆、嫩丰 2 号和绿丰等。

（2）育　苗

①营养土配制　用腐熟有机肥 4 份、过筛园土 6 份，加入 0.1% 的三元复合肥，充分混合均匀后装入 50 孔穴盘中或营养钵（10 厘米×10 厘米）中。

②种子处理　选择种皮有光泽、无斑点的 2 年以下的新种子，2 年以上的陈种子发芽力和发芽势都较弱，不宜采用。每亩用种量为 3～4 千克。播前进行晒种和选种，晒种在每天 11～14 时进行，持续 2～3 天。用 55℃ 温水浸种 15 分钟并不断搅拌，待水温降至 30℃ 时浸泡 4～6 小时，再用 0.1% 高锰酸钾或 10% 磷酸三钠浸种 15 分钟，用清水冲净，捞出沥干后用湿纱布包住种子，置于 25～30℃ 条件下催芽。每天用温水清洗种子 1～2 次，持续 2 天左右，多数种子露白时即可播种。

③播种　播种前将营养土浇透水，待水渗下后，用手指或圆柱形工具对准每个钵或穴中央，按下 3 厘米深，将种子播入，每

钵播种 2～3 粒，覆盖过筛的营养土 2 厘米左右厚，扣上小拱棚或覆盖地膜保温保湿。

④苗期管理 播后白天温度 25～30℃、夜间 18～20℃。幼芽出土后，揭去地膜，再盖 0.3 厘米厚的过筛消毒细土；温度降低到白天 20℃左右、夜间 10～15℃，以防徒长；加强光照，保持每天 10～11 小时的充足光照；空气相对湿度在 65%～75%，并且注意防止苗期低温多湿。当幼苗子叶展平后，白天保持在 18～20℃、夜间 10～15℃。对生叶充分展开，第一片真叶出现后，为促进根、茎、叶生长和花芽分化，应适当提高温度，白天 20～25℃、夜间 15～20℃；定植前 1 周进行幼苗锻炼，白天 15～20℃、夜间 10～15℃。幼苗在中午前后出现轻度萎蔫时浇 1 次透水，不要小水勤浇，易徒长。定植前 1 天，浇 1 次水，利于秧苗脱钵。壮苗的标准：苗龄 20 天，子叶完好，4～5 片真叶，株高 5～7 厘米，第一片复叶初展，根系发达，无病虫害，叶片厚而色浓，节间短、柄短。

（3）定植 选择 3 年未种豆类作物的田块种植，并且根据土壤肥力和目标产量确定施肥总量。一般每亩施入腐熟有机肥 4 000～5 000 千克、三元复合肥 50 千克作为基肥，深翻 25～30 厘米，耙细，封垄，做畦。小行距 60 厘米，大行距 80 厘米，株距 35～40 厘米，每亩约 2 200 穴。如果土壤干旱，应提前 1 周浇水造墒。

定植应选择在"冷尾暖头"的晴天上午进行。定植前先给苗床浇透水，起苗（带土），淘汰子叶缺损、真叶扭曲等弱苗、病苗和虫苗。定植时先在挖好的穴中浇足定植水，水下渗后，每穴定植 2 株。再覆少量营养土，使苗坨与膜面相平，培土压严膜口。

（4）田间管理

①温湿度管理 从定植到 6 片真叶展开，白天温度 25～30℃、夜间 15℃以上，密闭不透风，以提高地温，促进缓苗。缓苗以后适当降低温度，棚温白天保持在 22～25℃、夜间不低

于 15℃。伸蔓期白天温度 22～28℃、夜间 15～20℃。开花结荚期白天温度 20～22℃、夜间 10～12℃。适宜土壤最大持水量为 60%～70%。

②肥水管理　浇水采用"干花湿荚"措施。苗期不灌水，但过分干燥对芸豆生长不利。视土壤墒情，可浇小水，不宜大水浇灌。结荚初期每 5～7 天浇 1 次水，以后逐渐加大浇水量。2 片真叶展开后、花芽开始分化时，追施三元复合肥 30～35 千克 / 亩。开花结荚初期，追施尿素 10～15 千克 / 亩、磷酸二氢钾 6～8 千克 / 亩，以后每隔 10 天左右追施三元复合肥 15 千克 / 亩，每 5～6 天浇 1 次水。同时，还应有针对性地喷施微量元素肥料，可用 0.2% 磷酸二氢钾＋0.1% 硼砂＋0.1% 钼酸铵溶液，或 2% 过磷酸钙浸出液＋0.3% 硫酸钾溶液喷施防早衰。

③植株调整　当植株主蔓长至 30～40 厘米时，进行插架或吊绳引蔓。吊绳引蔓的方法是在每行植株正上方预置距地面 2 米高的铁丝，从铁丝上垂下绳子，把绳子用活扣绑到茎基部，盘蔓上去。在主蔓长到铁丝前，让茎蔓沿吊绳回头向下，进行回蔓。主蔓长过铁丝 20 厘米时，摘心。现蕾时，第一花序以下的侧枝打掉。当蔓长到 1.8～2 米时打掉顶梢，促进分生侧枝。若植株生长过旺，要抹去过多的分权，防止形成"伞形帽"，影响光照及中后期产量。生长中后期，去除下部老叶、黄叶、病叶，既能改善通风透光条件，减少病害发生，又能促使新侧枝生长。此外，当苗高 30 厘米时，用 100 毫克 / 千克助壮素＋0.2% 磷酸二氢钾混合喷雾；当苗高 50 厘米时，用 200 毫克 / 千克助壮素＋0.2% 尿素混合喷雾；当苗高 70 厘米时，用 200 毫克 / 千克助壮素＋0.2% 磷酸二氢钾混合喷雾，对促进花芽分化、早结果、提高早期和中期产量非常重要。

（5）收获　开花后 10～15 天即可采收。采收标准：豆荚颜色由绿转为淡绿，外表有光泽，种子略显露。采收过迟，纤维多，品质差，种子发育需消耗大量养分，不利植株生长和结荚，容易造成落花落荚。每 2～4 天采收 1 次，或根据市场需要采收。

（6）病虫害防治　芸豆主要病害有根腐病、炭疽病、锈病、细菌性疫病和灰霉病，虫害有美洲斑潜蝇、蚜虫和白粉虱等。

①根腐病　可用 50% 多菌灵可湿性粉剂 500～600 倍液或 75% 百菌清可湿性粉剂 600 倍液喷洒植株，也可用 70% 甲基硫菌灵可湿性粉剂 800～1 000 倍液灌根防治。

②炭疽病　可用 80% 代森锰锌可湿性粉剂 1 000 倍液，或 80% 福·福锌可湿性粉剂 600 倍液，或 50% 甲基硫菌灵可湿性粉剂 600 倍液喷雾防治。

③锈病　发病初期可用 50% 萎锈灵可湿性粉剂 800～1 000 倍液，或 25% 三唑酮可湿性粉剂 2 000～3 000 倍液，或 40% 敌唑酮可湿性粉剂 4 000 倍液，或 50% 多菌灵·硫磺悬浮剂 400 倍液，每 7～10 天喷 1 次，连续 2～3 次。

④细菌性疫病　可用 30% 琥胶肥酸铜 500 倍液防治。

⑤灰霉病　可用 50% 乙烯菌核利可湿性粉剂 1 000 倍液，或 50% 腐霉利可湿性粉剂 1 000 倍液，或 40% 双胍三辛烷基苯磺酸盐可湿性粉剂 3 000 倍液喷雾防治。

⑥美洲斑潜蝇　可用 1.8% 阿维菌素乳油 2 000 倍液，或 98% 杀虫单可溶性粉剂 800 倍液，或 20% 吡虫啉可溶性粉剂 4 000 倍液，或 5% 氟啶脲乳油 2 000 倍液喷雾防治，时间掌握在成虫羽化高峰的 8～12 时效果好。此外，释放姬小蜂等寄生蜂，控制率较高。

⑦蚜虫　可用高效苏云金杆菌水剂 500～700 倍液，或 21% 氰戊·马拉松乳油 3 000 倍液，或 27.12% 碱式硫酸铜悬浮剂 500～800 倍液，或 25% 吡虫啉可湿性粉剂 1 000～1 500 倍液，或 50% 抗蚜威可湿性粉剂 2 000 倍液喷雾防治。

⑧白粉虱　用 25% 噻嗪酮可湿性粉剂 1 500 倍液或 20% 甲氰菊酯乳油 2 000 倍液喷治。

模式五 日光温室早春甜瓜—秋延迟辣椒高效栽培模式

（一）种植茬口安排

1. 早春甜瓜

1月上中旬播种育苗，2月中旬定植，5月上旬上市。

2. 秋延迟辣椒

6月底至7月初育苗，7月底至8月初定植，9月开始采收，11月底拔秧。

（二）栽培管理技术

1. 早春甜瓜

（1）品种选择 选择早熟、优质、高产、抗病性强、商品性好的厚皮网纹甜瓜品种，如鲁厚甜1号、中蜜1号、伊丽莎白等。

（2）育　苗

①营养土配制　3份田园土和1份经过充分腐熟的牛粪或猪粪，混合均匀。每立方米土中加入50%多菌灵可湿性粉剂250克消毒，或配制大田土5份、腐熟农家有机肥4份、河泥或沙土1份。每立方米营养土加入尿素0.5千克、过磷酸钙1.5千克、硫酸钾0.5千克，或三元复合肥1.5千克、40%多菌灵可湿性粉剂40克，或65%代森锌可湿性粉剂60克，混匀后装入50孔穴盘。

②催芽播种　每亩用种量为100～150克。种子最好先晒2天，在50～55℃的温水中浸种，并不断搅拌，待水温降到30℃以下时，用10%磷酸三钠浸泡20分钟，捞出洗净，再在清水中浸泡4～5小时，然后将种子放在30℃的环境中催芽。24小时后当种子出芽率达到50%、芽长0.5厘米时播种，每穴盘播1粒，覆土厚1～1.5厘米，覆盖地膜。

③苗期管理　白天温度 32～35℃，夜间 21～23℃。出苗后逐渐降温至白天 22～25℃，夜间 15～18℃。出苗率达 60%～70% 时，降低床温至 15～22℃，空气相对湿度应保持在白天 50%～60%、夜间 70%～80%。当幼苗真叶出现后，应坚持晴天浇水、阴天不浇水，并以少浇、勤浇为原则，以防止猝倒病的发生。幼苗 2 片真叶后应降温、控水，进行炼苗。3～4 片真叶时定植。

（3）定　植

①整地做畦　每亩施 6～10 立方米充分腐熟的有机肥。有机肥的腐熟方法：10 立方米新鲜鸡粪加 2 立方米粉碎的玉米秸秆或麦秸再加 4 千克有机发酵菌，混匀后盖上塑料膜，高温腐熟。也可以每亩施腐熟农家有机肥 4～6 立方米、硫酸钾复合肥 50 千克。按畦宽 150 厘米、高 20 厘米左右做畦。

②定植　当幼苗 2 叶 1 心至 3 叶 1 心时，选择在晴天 10～15 时进行定植。每畦定植 2 行，行距 75 厘米，株距 50 厘米。定植后立即进行滴灌，待水下渗后用湿润细土封闭定植穴。

（4）田间管理

①温度管理　定植后 7 天内，温室内要保持较高的温度，促使缓苗提温，白天温度保持在 30～32℃，夜间温度在 17～18℃；坐果后白天 25～30℃，夜间 15～18℃；开花授粉期白天 25～28℃，夜间 18℃ 左右；果实膨大期白天 28～32℃，夜间 16～20℃，气温高于 32℃ 或低于 10℃，对坐果和果实膨大不利；果实成熟期，温室内温度不能超过 33℃，否则甜瓜易烂心，昼夜温差维持在 10～13℃，以利于果实糖分积累。整个生长期温度不低于 15℃。要严防低温、高温伤苗。果实膨大期要通过开、放温室通风口调整通风量。当夜间外界最低气温达到 10℃ 时要注意防冻。

②肥水管理　定植缓苗后 5～7 天，选晴天浇缓苗水。当幼瓜长到乒乓球大小时，开始进入膨瓜期，需浇膨瓜水，每亩随水冲施三元复合肥（N：P_2O_5：K_2O=20：10：20 或 N：P_2O_5：K_2O=20：

10：30）10千克左右。以后根据天气、土壤状况，隔10～15天浇第二次膨瓜水，并随水冲入三元复合肥10～20千克/亩。膨瓜期后不能再浇水施肥，以免裂瓜，影响品质。生长期每亩喷施0.2%～0.4%磷酸二氢钾溶液，连喷2～3次。采收前10天左右停止浇水。

③整枝绑蔓 单干整枝，瓜秧长有6～8片叶、长30厘米时开始绑蔓、吊蔓。当主蔓长出25片叶左右时摘心。在长至第11～12片叶时，选留侧蔓为坐果蔓，每条子蔓选留1个瓜，坐瓜后瓜前留2～3片叶，同时取掉雄花和卷须，减少营养消耗，必要时抑制主蔓生长点，促进雌花开放、坐果。也可采用以子蔓作主蔓的单蔓整枝，即幼苗6片叶时摘心，使1个子蔓生长，促进开花坐果。随着果实膨大，下部叶片逐渐老化，为使田间通风透光，应摘除老叶。

④保花保果 在主蔓第12片叶子部位开始留侧蔓结瓜。可以用熊蜂授粉：在预留节位的雌花开放时，于上午8～10时，将熊蜂放出授粉，授粉的最低温度为18℃，适温为25～28℃。人工辅助授粉：上午8～9时采摘当天开放的雄花，用细软毛笔尖端蘸取花粉，涂抹当天开放的雌花，并挂牌注明授粉日期。当瓜长到0.25千克左右时开始吊瓜。

（5）**收获** 依据授粉时间确定适宜采收期，授粉后40天左右果实成熟，也可根据果皮颜色和香味情况来判断采收时期。采收应在清晨进行，果实采收后存放于阴凉处。

（6）**病虫害防治** 甜瓜主要病害有霜霉病、细菌性叶斑病和白粉病等，虫害有蚜虫和白粉虱。

①霜霉病 可用72.2%霜霉威水剂600～900倍液，或50%福美双可湿性粉剂600倍液，或25%甲霜灵可湿性粉剂800倍液，或20%苯霜灵乳油350倍液，或72%霜脲·锰锌可湿性粉剂700倍液喷雾防治。

②细菌性叶斑病 可用30%琥胶肥酸铜悬浮剂500～600倍

液，或20%噻菌铜悬浮剂500倍液，或20%叶枯唑可湿性粉剂600倍液喷雾防治。

③白粉病　可用40%百菌清悬浮剂800～1000倍液，或10%苯醚甲环唑水分散粒剂1500倍液，或40%氟硅唑乳油1000倍液，或25%三唑酮可湿性粉剂2000～3000倍液喷雾防治，每7～10天喷1次，连喷2～3次；也可用45%百菌清烟剂进行密闭熏蒸。

④蚜虫和白粉虱　可在室内悬挂黄色、蓝色粘虫板诱杀，化学防治可用10%吡虫啉可湿性粉剂2000倍液或50%啶虫脒水分散粒剂800倍液喷雾防治。甜瓜收获前7天禁止喷药，以便安全采收。

2. 秋延迟辣椒

（1）品种选择　选用抗病、优质、丰产、耐贮运、商品性好的品种，如郑椒11号、中椒6号、豫椒4号、苏椒5号、洛椒4号、徐椒1号等。

（2）育苗　秋茬辣椒可采用育苗直播或嫁接育苗。

①基质配制　草炭：蛭石为2:1，或草炭：蛭石：废菇料为1:1:1，或蛭石：珍珠岩：草炭土为1:1:3。配制基质时每立方米加入三元复合肥2.5～2.8千克，肥料与基质混拌均匀后备用。生产上多采用50孔或72孔穴盘育苗。

②浸种催芽　将种子浸入55℃温水中搅拌，水温降至35℃后浸泡2小时捞出，再浸入10%磷酸三钠溶液中20分钟，出水沥干。将消毒浸泡后的种子用湿布包住，置钵内催芽，催芽温度前2天保持在30℃，随后保持在25℃，每天用清水冲洗1次，待70%以上种子露白后即可播种。每亩用种量为20～75克，依育苗方式和发芽率而定。

③播种　播种深度为0.8～1厘米，过深则出苗慢且不整齐，过浅则易戴帽出土而影响生长。播种后用地膜盖住苗盘，以保湿遮阳。播种至出苗期间温度保持在白天28～32℃、夜间

18～20℃。当半数种苗顶土时立即揭去床面薄膜，并逐步降低温度，保持在白天25～28℃、夜间15～20℃，夜间温度不宜太高以免徒长。白天加大通风，降低空气相对湿度，并使用遮阳网降温。3叶期注意炼苗，促生新根，此时保持在白天20～25℃、夜间15～18℃，采用揭、盖遮阳网的方法进行温度调控。苗期不需追肥，如出现缺肥症状，可叶面喷施0.2%磷酸二氢钾溶液。苗期要清除苗床或盘内外杂草，以减少虫源。苗期子叶展开至2叶1心时，基质水分含量为田间持水量的65%～70%；3叶1心至5～6片真叶时，基质水分含量为田间持水量的60%～65%。

若采用嫁接苗，嫁接砧木宜选择亲和力高、高抗根部病害的品种，如韩国朝天椒、塔基等。砧木播种在72孔穴盘内，接穗种子播于98孔穴盘内以节省资源，接穗辣椒晚播3～5天，苗龄为5叶1心、苗高15厘米、茎粗0.2厘米时即可嫁接。常采用靠接、插接等嫁接方法。嫁接后18～20天，苗高20厘米、3叶1心或4叶1心、茎粗0.3厘米时即可出圃。

（3）**定　植**

①**整地做畦**　每亩施腐熟有机肥5 000～8 000千克、三元复合肥75千克、过磷酸钙50千克、硫酸钾50千克，均匀撒施，再耕翻整平、起垄。同时进行高温闷棚，利用7月的高温天气，灌入大水，铺好地膜，盖严棚膜，使棚室内中午前后的温度高达60～70℃，地表温度达50℃以上，维持20天左右，可有效杀灭土壤中的病菌与虫卵，施入的有机肥也能得到充分腐熟。

②**定植**　定植前3～5天，根据墒情造墒，铺设滴灌带的，至少润透高垄；无滴灌的棚室，在高垄上开"V"形沟，至少润透垄高的2/3。当幼苗高8～10厘米、4～5片真叶、节间短、茎秆粗壮时即可定植。选择晴天下午或阴雨天定植，株距35厘米，每亩定植2 000～2 500株。

（4）**田间管理**

①**温度管理**　辣椒适宜的生长温度为白天18～25℃，夜间

15～18℃。定植后1周内的缓苗阶段，温度保持在白天25～30℃，夜间气温不低于15℃。开花坐果期，白天保持在22～25℃，最高不超过35℃。当外界最低气温不低于15℃时可以昼夜通风。果实膨大期适宜温度为23～28℃，转色期适宜温度为25～28℃。

②湿度管理　根据辣椒不同生育阶段对湿度的要求和控制病害的需要，最佳空气相对湿度：缓苗期80%～85%、开花坐果期60%～70%。生产上可通过地面覆盖、滴灌或渗灌、通风换气等措施来调节湿度、温度。

③肥水管理　定植后浇1次透水，3～5天后浇1次缓苗水，在浇了定植水和缓苗水后，前期棚内浇水要见干见湿，待地表发白后再浇水以利于根系下扎壮棵，防止徒长。门椒开花结果期切勿浇水，门椒膨大时，结合追肥浇1次大水。后期浇水要根据天气和地面干湿度而定，防止疫病的蔓延。需要浇水时，应选择晴天的早上，浇水后注意通风排湿。开花结果前温度较高，为防止辣椒徒长，不施肥。门椒坐果后开始追肥浇水，每亩随水追施磷酸二铵15千克和多元素微肥，注意保温和通风。采收至盛果期，应提前采收门椒，采后浇水，每亩随水冲施高钾复合肥15千克。盛果期，应小水勤浇，保持土壤湿润，每采收1次果实，每亩随水追施1次肥。盛果期可每10天左右喷1次叶面肥。

④保花保果　辣椒在棚室中生长易发生落叶、落花、落果问题，保花保果的主要措施除防止高温、低温、高湿外，目前常采用的有效方法是使用坐果灵、防落素和2,4-D等激素对辣椒花朵处理。可用10～20毫克/千克2,4-D，或30～40毫克/千克番茄灵，或30毫克/千克防落素进行蘸花，最好于上午8～10时进行，以防发生药害。

⑤整枝疏叶　当植株长到40厘米左右时吊蔓。整枝以四干为宜，主干留果，侧枝留1～2个果摘心。摘心时留1～2片叶，既可以给植株提供养分，又可以防止日灼。门椒以下的主茎各节

易长出侧枝，应去除。结果中后期，下部椒果采收完毕后，要摘除植株下部的老叶、黄叶、病叶和无果侧枝，以利通风透光和防止病害蔓延。

（5）**收获**　10月底至11月中旬秋延后辣椒进入采收前期。门椒要适当早收，以防坠秧。采摘在晴天的早晨或傍晚气温和菜温较低时进行。雨天、雾天或烈日暴晒天不宜采果，否则果实容易腐烂和衰老。采收时要避免机械伤害，采收的辣椒果柄要完整。因管理不当而出现的僵果、尖果、红果要及时采收。

（6）**病虫害防治**　辣椒病害有猝倒病、病毒病、疫病、灰霉病、根结线虫病、根腐病、白粉病等，虫害有白粉虱、蚜虫、美洲斑潜蝇等。

①猝倒病　发病期可喷施50%多菌灵可湿性粉剂或75%百菌清可湿性粉剂或70%代森锰锌可湿性粉剂或15%噁霉灵水剂600～800倍液。

②病毒病　可以在发病初期喷施20%盐酸吗啉胍·乙酸铜可湿性粉剂500～700倍液或1.5%烷醇·硫酸铜乳剂800～1000倍液，交替使用，每隔7～10天喷1次，连续防治2～3次。

③早疫病　采用69%烯酰·锰锌可湿性粉剂800～1000倍液或10%苯醚甲环唑水分散粒剂1000倍液进行防治。

④晚疫病　可用25%甲霜灵可湿性粉剂800倍液，或72%霜脲·锰锌可湿性粉剂1000倍液，或80%代森锰锌可湿性粉剂800～1000倍液防治。

⑤灰霉病　每亩用6.5%甲霉灵可湿性粉剂或5%百菌清可湿性粉剂1～1.5千克喷施，也可以每亩用10%百菌清烟剂或10%腐霉利烟剂0.5克熏烟进行防治。

⑥根结线虫病　定植前将10%苯线磷2千克、3%氯唑磷1.5千克和5%益舒宝颗粒2.5千克均匀混合，将其均匀地播撒到田间，并进行深耕处理。定植后可以采用1.8%阿维菌素乳油1000倍液进行灌根处理，可有效减轻根结线虫病的发生。

⑦根腐病　可用5%丙烯酸·恶霉·甲霜水剂800～1000倍液灌根防治。

⑧白粉病　可用2%阿司米星水剂200倍液，或2%抗霉菌素水剂200倍液，或30%氟菌唑可湿性粉剂2000倍液，或47%春雷·王铜可湿性粉剂600倍液，或60%多菌灵可溶性粉剂1000倍液喷雾防治。

⑨蚜虫　可用0.3%苦参碱水剂1500倍液，或50%抗蚜威可湿性粉剂2000倍液，或10%氯氰菊酯乳油2500～3000倍液喷雾防治。

⑩白粉虱　可用10%灭幼酮悬浮剂800倍液，或25%哒螨灵乳油1000～1500倍液，或2.5%联苯菊酯乳油3000倍液防治。

⑪美洲斑潜蝇　可用30%灭蝇胺可湿性粉剂1500倍液或0.9%阿维菌素水剂3000倍液喷雾。

此外，同时防治蚜虫、白粉虱可选用10%吡虫啉可湿性粉剂3000倍液，或40%菊杀乳油（氰戊菊酯与杀螟硫磷混配）2000～3000倍液，或2.5%溴氰菊酯乳油2500倍液进行喷雾防治。

模式六　"四位一体"日光温室冬春黄瓜绿色栽培模式

（一）"四位一体"生产模式简介

由于胶东地区深冬季节温度低、连阴天多，导致日光温室的温度、日照不能充分满足蔬菜生长发育的需求，再加上室内二氧化碳缺乏、土壤有机质含量低等，加大了日光温室越冬茬蔬菜栽培管理的难度。从生态农业角度出发，将日光温室、沼气池、猪（禽）舍、蔬菜种植有机地结合在一起，形成一个积肥、产气同步，种植、养殖并举的能源生态系统。

"四位一体"种植模式是一种以土地为基础，以太阳能为动力，以沼气为纽带，将蔬菜种植、畜禽养殖、日光温室和沼气生产有机结合，优势互补的能源综合利用体系。通过日光温室解决了沼气池冬天不产气或产气量不足的问题；充足的沼气又为温室大拱棚的冬季生产提供了热量及光照；在温度和光照可控的前提下，进行棚内蔬菜种植和生猪养殖，使蔬菜提早上市和生猪提前出栏；生猪的棚内养殖，粪尿及部分秸秆直接进入地下的沼气池内，为沼气生产提供了原材料，解决了沼气池冬季原料不足的问题；对于蔬菜的棚内种植，除具备适宜的温度及光照外，沼渣、沼液的直接施用，可以大幅度减少化肥、农药的使用量，并且可以有效减少病虫害的发生，使生产的蔬菜达到绿色食品标准，且口感好、营养价值高，满足了消费者注重安全、追求健康的需求。

（二）"四位一体"建造结构

在日光温室（大小为 8 米×70 米）的一侧由山墙隔离出面积为 40～50 平方米的地方，山墙上开 2 个 50 厘米×50 厘米大小的气体交换孔，以便猪（禽）舍和菜地间的氧气和二氧化碳气体进行交换。地下建沼气池，沼气池上建猪（禽）舍，沼气池的进料口位于猪（禽）舍内，猪（禽）粪便冲洗后即可直接进入沼气池作为沼气的原料。山墙的另一侧为蔬菜生产区，出料口设在蔬菜生产区，便于沼肥的施用。

（三）良种选择与嫁接育苗

1. 品种选择

选择耐低温寡照、第一雌花出现早、单性结实能力强、瓜码密、抗病、丰产的优质良种，如新泰密刺、山东密刺、长春密刺，以及津春 3 号、津优 3 号和津优 30 号等。

2. 播　期

9 月下旬至 10 月上旬播种，11 月中旬至 12 月上旬定植；翌年1月初开始采收，6月拉秧。

3. 嫁接育苗

将黄瓜和云南黑籽南瓜种子经浸种催芽后播种，每亩用种量黄瓜为150～200克，黑籽南瓜为1500～2000克。当黑籽南瓜幼苗高5～6厘米、第一片真叶半展开，黄瓜幼苗第一片真叶长约2厘米时，为嫁接适期。嫁接苗日历苗龄35～45天、生理苗龄3～4片真叶时达到壮苗标准，可以开始定植。每亩栽苗3600株左右。

（四）沼渣作基肥

"四位一体"日光温室养殖区正常生产后，会产生大量沼渣，是腐熟无菌、速效迟效兼备的优质有机肥料，其有机质、腐殖酸及氮、磷、钾含量明显高于沤制的土杂肥。定植前10～15天开始整地。整地前每亩施入沼渣3000～4000千克，均匀撒施地表并旋耕30厘米后，打垄做畦，也可将部分沼渣在黄瓜定植前进行沟施。沼渣出池后施用前，在棚外堆积，并用塑料薄膜覆盖，让其充分腐熟后才能施用。

这种模式在刚开始时，要根据地力状况施用适量的化肥，并逐年减少，连续运用5～6年后，可以不再施用化肥，完全施用沼渣作基肥。

（五）温度调控

温度是日光温室冬春黄瓜生产的关键因素之一。12月至翌年2月，外界气温逐渐降低，天气多变，连阴天增加，雨、雪、寒流频发，此期也是黄瓜逐步由初瓜期进入盛瓜期的关键阶段，关系到生产成败。因此这段时间的温度管理和调控是日光温室管理的难点和重点。12月前，黄瓜定植后缓苗至结瓜前，白天室温保持在28～30℃、夜间15～18℃。12月至翌年2月，黄瓜渐渐进入结果盛期，白天温度保持在25～28℃，超过30℃要放风，夜间温度维持在 13～20℃。如遇大风降温、连阴天等低温寡照天气，室温、光照时间下降较多，可利用沼气灯进行提温增光。具体做法：沿温室中间东西方向，每 50 平方米安装 1 盏沼气灯，在早晨温度最低时点燃沼气灯 1～1.5 小时，沼气施放速度为 0.5 米^3/时，燃烧时间不超过 2 小时，可提高室温 2℃左右，并增加了光照时间。进入 3 月后，外界气温逐步回升，室温也随之升高，当超过 30℃时开始放风；当外温不低于 15℃时，温室开始昼夜放风。

（六）肥水管理

沼液含有三大类生物活性物质：氮、磷、钾等主要营养元素，钙、铁、铜、锌、锰、钼等多种蔬菜生长所必需的微量元素，氨基酸、生长素、赤霉素、水解酶、单糖、腐殖酸、B 族维生素以及某些抗生素等，易被作物直接吸收。沼液可以直接随水施用，配比为 1∶1。

日光温室冬春黄瓜的肥水管理分为 4 个阶段。

1. 定植缓苗到根瓜膨大

以蹲苗、控秧、保根瓜为主，不浇水追肥。

2. 根瓜开始膨大到盛瓜前期

即 12 月至翌年 1 月上中旬。当根瓜大部分坐住后，开始浇第一水；以后根据根瓜及其以上幼瓜的坐瓜情况，每隔 7～10 天浇 1 次水，膜下暗浇，隔 1～2 次浇水随水追肥 1 次。

3. 盛瓜前期到盛瓜期

即翌年 1 月中下旬至 4—5 月。此期间黄瓜逐渐进入盛瓜期，植株生长及产瓜数量明显增加，肥水需求量加大。每 5～7 天浇 1 次水，隔 1 水随水追肥 1 次。浇水追肥时要注意天气变化，选择在连续晴天的上午进行，切忌阴天浇水。

4. 结瓜后期到黄瓜拉秧

此阶段黄瓜逐渐衰退，可减少浇水次数及浇水量，也可不再追肥。沼液可以直接喷洒在叶面上，用作叶面肥。沼液作叶面追肥要取自正常产气 1 个月以上的沼气池，从出料口提取浮渣层下面的清液，用纱布过滤。选择晴天上午 10 时或下午 3 时喷施，间隔 7～10 天喷 1 次，喷施时以叶背面为主，正反面都喷到。浓度配比根据天气、植株生育期确定，幼苗、嫩叶期沼液与水稀释比为 1:4，成株及结果期为 1:2，夏季高温期为 1:1。

（七）二氧化碳追肥

温室内二氧化碳浓度变化起伏很大，早晨揭开草帘前浓度最高，下午最低，为 85～450 毫升/米^3。作物生长所需的适宜二氧化碳浓度为 1 000 毫升/米^3，温室蔬菜生产中，二氧化碳饥饿现象较严重。因此，要利用沼气进行二氧化碳施肥。沼气燃烧后产生大量二氧化碳，燃烧每立方米沼气能使 50 平方米的温室二氧化碳浓度达到 12 000 毫升/米^3 左右，可以满足黄瓜生长的需要。

（八）病虫害防治

冬春黄瓜病害主要有霜霉病、灰霉病、白粉病、疫病、枯萎病等，虫害主要有白粉虱、瓜蚜等。在生产中要采取农业防治、物理防治等综合措施，减少病虫害发生，降低化学农药的使用。

1. 农业防治

通过选用抗病品种、进行种子处理、培育壮苗、采用高畦地膜覆盖和膜下暗灌、摘除病叶和枯黄老叶，以及嫁接等农业措施可有效降低病害的发生。

创造一个有利于黄瓜生长而不利于病害、病菌发生的环境条件，在不用药的情况下，通过控制生态环境达到减轻和抑制病害发生的目的。

湿度调控：温室湿度大时特别是叶面结露时，病害易发生。

将温室内湿度控制在 60%～70%，可使叶面上基本无水滴，能有效控制病害的发生。

高温闷棚：高温闷棚可以杀灭霜霉病等病菌，还可杀死部分飞虱、蚜虫等。高温闷棚需在棚内能出现 42～45℃的高温，且正是黄瓜高产期时进行。闷棚必须选在晴天，闷棚前 1 天灌 1 次水。棚内气温连续 1.5～2 小时保持 42～45℃。

2. 物理防治

利用黄色粘虫板诱杀。蚜虫和白粉虱是温室黄瓜的主要害虫，成虫对黄色具有较强的趋性，利用黄色粘虫板能够诱杀大部分成虫。在黄瓜顶端以上 20 厘米处，将粘虫板按南北向分 3 行，每行间隔 5 米悬挂 1 块。

3. 喷洒沼液

沼液中含有的丁酸、植物激素及某些维生素等对病菌有明显的抑制作用，其中的氨和铵盐及抗生素对虫害有直接的防治作用。喷洒沼液对霜霉病、白粉病、灰霉病等病害和蚜虫、白粉虱等害虫有良好的防治效果。

（九）应用效果

应用该模式进行蔬菜生产和生猪饲养，既可以保证蔬菜生长、生猪育肥和沼气发酵所需的温度，又可为蔬菜生产提供优质的有机肥和二氧化碳气肥，减少化肥投入，降低生产成本。同时还可以减少病虫害发生，生产出无公害乃至绿色蔬菜，提高经济效益。

烟台市牟平区孔家疃"四位一体"日光温室从 2001 年开始投入实际运用，目前已经达到生产全过程均不施化肥。利用沼渣作基肥、沼液作追肥、沼气进行二氧化碳施肥和补光提温，进行冬春茬黄瓜生产，生产的黄瓜口味佳、无残留、无污染，达到了绿色食品标准，虽然单价达到 16 元/千克，但还是供不应求；所饲养的生猪生长发育快，猪平均日增重 0.7 千克以上，出栏天数缩短 15 天左右，经济效益大大提高。

（十）注意事项

一是沼液、沼气快充满时抽出，不要溢出沼气池。

二是建筑垃圾不要混入棚土，以免影响蔬菜生长。

三是沼渣、沼液施肥要注意养分配比平衡，并配制合理浓度。

附　录

药品商品名与通用名对照表

序号	商品名	通用名	序号	商品名	通用名
1	蒜清二号	噁草酮·乙草胺	19	施田补 / 除草通	二甲戊灵
2	扑海因	异菌脲	20	克露 / 克抗灵	霜脲·锰锌
3	溶菌灵	多菌灵磺酸盐	21	叶斑清	腈菌唑
4	甲基托布津	甲基硫菌灵	22	蚜虱净 / 康福多 / 扑虱蚜	吡虫啉
5	病毒 A	盐酸吗啉胍·乙酸铜	23	速灭杀丁 / 杀灭菊酯	氰戊菊酯
6	普力克	霜霉威	24	龙克菌	噻菌铜
7	特富灵	氟菌唑	25	科博	波尔·锰锌
8	莫比朗	啶虫脒	26	世高	苯醚甲环唑
9	杀毒矾 / 杀菌矾	噁霜·锰锌	27	敌力脱	丙环唑
10	冠菌清 / 可杀得	氢氧化铜	28	福星	氟硅唑
11	速可灵 / 速克灵	腐霉利	29	爱苗	苯醚甲环唑·丙环唑
12	灰霉克	酰胺·异菌	30	辟蚜雾	抗蚜威
13	功夫	高效氯氟菊酯	31	安克	烯酰吗啉
14	定虫隆 / 抑太保	氟啶脲	32	杀螟松	杀螟硫磷
15	阿克泰	噻虫嗪	33	多来宝	醚菊酯
16	保得	高效氟氯氰菊酯	34	虫螨灵 / 天王星	联苯菊酯
17	粉锈宁 / 粉锈灵	三唑酮	35	疫霉净 / 疫霉灵	三乙膦酸铝
18	普乐宝	异丙草胺	36	爱福丁 / 杀虫素 / 灭虫灵 / 虫螨克	阿维菌素

续表

序号	商品名	通用名	序号	商品名	通用名
37	瑞毒霉	甲霜灵	56	农抗120	抗霉菌素
38	潜蝇灵	灭蝇胺	57	甲霜铜	琥铜·甲霜灵
39	扑虱灵	噻嗪酮	58	绿菜宝	阿维·敌敌畏
40	灭螨灵	哒螨灵	59	施佳乐	嘧霉胺
41	蝇蛆净	环丙氨嗪	60	克线磷	苯线磷
42	敌杀死	溴氰菊酯	61	米乐尔	氯唑磷
43	阿西米达	嘧菌酯	62	益舒宝	益舒宝
44	病毒必克	三氮唑核苷·铜·锌	63	武夷霉素	阿司米星
45	灭扫利	甲氰菊酯	64	达科宁	百菌清
46	灭杀毙	氰戊·马拉松	65	利霉康	多·福·乙霉威
47	克螨特	炔螨特	66	多霉清/多霉灵	乙霉·多菌灵
48	灰霉克	酰胺异菌	67	大生M-45	代森锰锌
49	粉虱净	氯氰·吡虫啉	68	农利灵	乙烯菌核利
50	植病灵	烷醇·硫酸铜	69	百可得	双胍三辛烷基苯磺酸盐
51	炭疽福美	福·福锌	70	铜高尚	碱式硫酸铜
52	灭幼脲1号	除虫脲	71	防霉宝	多菌灵
53	灭幼脲3号	灭幼脲	72	地乐胺	仲丁灵
54	福气多	噻唑膦	73	盖草能	吡氟氯禾灵
55	瑞毒霉锰锌	甲霜灵·锰锌			

参考文献

［1］张振贤. 蔬菜栽培学［M］. 北京：中国农业大学出版社，2003.

［2］中国农业科学院蔬菜花卉研究所. 中国蔬菜栽培学（第二版）［M］. 北京：中国农业出版社，2010.

［3］程智慧. 蔬菜栽培学各论［M］. 北京：科学出版社，2010.

［4］张元国. 蔬菜集约化育苗技术［M］. 北京：金盾出版社，2019.

［5］高瑞杰，高中强. 设施蔬菜安全高效生产关键技术［M］. 北京：中国农业出版社，2017.

［6］卜祥联，林国华. 山东省韭菜安全生产及质量监管［M］. 北京：中国农业出版社，2016.

［7］焦自高. 山东省设施甜瓜优质高产栽培技术［M］. 北京：中国农业科学技术出版社，2014.

［8］隋好林，王淑芬. 设施蔬菜栽培水肥一体化技术［M］. 北京：金盾出版社，2013.

［9］王恒亮. 蔬菜病虫害原色图谱［M］. 北京：中国农业科学技术出版社，2013.

［10］石明旺，刘彦文. 瓜类蔬菜病虫害现代防治技术大全［M］. 北京：化学工业出版社，2019.

［11］田英才，高立中，刘小平. 金乡县蒜椒粮间套种模式高效栽培技术［J］. 农业科技通讯，2015（9）：245-247.

［12］张自坤，赵刚，贺洪军，等．干辣椒优质高产高效套种栽培技术［J］．上海蔬菜，2012（1）：37-38.

［13］刘中良，郑建利，高俊杰，等．山东省春马铃薯精简高效栽培技术［J］．长江蔬菜，2015（1）：42-43.

［14］杨晓东，高普，徐广宾，等．山东保护地茄子病虫害绿色防控［J］．蔬菜，2018（10）：47-49.

［15］DB 3709/T 157—2017，大拱棚早春薄皮甜瓜—秋延迟辣（甜）椒周年优质高效栽培技术规程［S］．泰安：泰安市质量技术监督局、泰安市农业局，2017.

［16］DB 3709/T 158—2017，大拱棚早春薄皮甜瓜—秋延迟茄子周年优质高效栽培技术规程［S］．泰安：泰安市质量技术监督局、泰安市农业局，2017.

［17］DB 3709/T 159—2017，大拱棚早春薄皮甜瓜—秋延迟西葫芦周年优质高效栽培技术规程［S］．泰安：泰安市质量技术监督局、泰安市农业局，2017.

［18］DB 3709/T 160—2017，大拱棚早春西瓜—秋延迟辣（甜）椒周年优质高效栽培技术规程［S］．泰安：泰安市质量技术监督局、泰安市农业局，2017.

［19］DB 3709/T 161—2017，大拱棚早春西瓜—秋延迟茄子周年优质高效栽培技术规程［S］．泰安：泰安市质量技术监督局、泰安市农业局，2017.

［20］DB 3709/T 162—2017，大拱棚早春西瓜—秋延迟西葫芦周年优质高效栽培技术规程［S］．泰安：泰安市质量技术监督局，泰安市农业局，2017.

［21］孙继峰，徐立功，韩太利．地方品种"潍县萝卜"春季拱棚高效栽培技术［J］．中国瓜菜，2018，31（4）：56-57.

［22］刘中良，高俊杰，郑建利．塑料大棚韭菜安全高效栽培技术［J］．长江蔬菜，2017（3）：37-39.

［23］夏秀波，李涛，曹守军，等．烟台地区秋冬番茄安全

生产技术［J］. 农业科技通讯，2015（3）：265-266.

　　［24］王冰林，韩太利，杨晓东，等. 日光温室茄子优质安全高效标准化栽培技术［J］. 蔬菜，2012（12）：19-21.

　　［25］孙振军. "四位一体"日光温室黄瓜冬春茬栽培技术［J］. 中国果菜，2009（5）：38-40.